環境条例の制度と運用

田中　充 編著

小清水宏如　坪井塑太郎
増原直樹　竹内 潔　川島悟一

信山社

はしがき

　わが国の環境政策において、地方自治体が果たしてきた役割はきわめて大きい。とりわけ、高度経済成長期に地域に健康被害等をもたらした産業公害の防止や、大規模な開発に伴う自然破壊問題への対応、身近な生活から発生するごみの資源化と適正処理など、現場の実態にもとづく自治体施策の実施によって、環境行政は大きな前進が図られてきたといっても過言ではない。

　地方自治体は、日本国憲法に規定された地方自治の本旨にもとづく立法権のもとで、これまでも地域の課題に応じてさまざまな条例を制定・運用してきた。とくに2000年の地方分権一括法の施行を契機とし、その後の税財政改革を柱とする三位一体改革や地方分権改革を通じて、地方自治体の地位と権限は一段と向上し、その自立的な機能を具現化する条例制度に対して、期待は広く高まってきている。

　しかし、自治体職員や地域住民の間には、いまなお、条例は国の法令を主とし、これを補足する従属的な法形式であるという意識が残っていることは否定できない。地域の課題に対応する主体的な条例の立案・制定に関し、なお消極的な姿勢がみられることは事実だろう。

　その意味では、住民の安全と健康、福祉の向上をめざす真の地方自治を実現するために、地域の実情を踏まえた条例制度の推進は、いまだ道半ばであり、今後も求められる継続的な取組みであるといってもよい。

　本書は、こうした問題意識のもとに、環境分野に焦点をあて、環境行政における自治体条例のいっそうの活用を期して、その制定と運用にかかわる課題について論じたものである。

　前述したように、環境問題では、まず地域において公害現象や自然破壊が生じたこともあり、地方自治体の関連施策が先行してきた分野である。全国一律の公平性や妥当性の観点から、いわゆる「ナショナル・ミニマム」としての法制度が立案・施行されるのに対し、地域固有の課題について積極的にその解決を図るために、法律よりも厳しい事業者対策を実施する「上乗せ規制」や「横出し規制」など、新たな規制手法が試みられてきた経緯がある。

　近年では、再生可能エネルギーの普及や地球温暖化の防止に関し、自治体行政がより実効ある施策の推進に向けて多様な条例制度の取組みを始めている。

　本書では、こうした動向にも留意しつつ、公害防止や自然環境保全、廃棄物、温暖化・エネルギーなど環境行政の幅広い分野を対象に7章構成とし、主に都道府県の条例制度に着目している。とくに、条例と法律との関係、条例規制の実効性、条例における計画の位置づけ・役割など、行政担当者や実務者が条例を制定し運用す

● はしがき

るに際して留意すべき主要な論点を抽出して、解説を行っている。

　主な内容としては、第1章は、総論として、読者が条例制度を検討するに際して基礎的な知見に供するため、自治体の概念区分や位置づけ、条例の体系など基本概念について俯瞰する。

　第2章から、環境条例の本題に入る。ここでは、今日喫緊の課題として確立・運用が急がれる温暖化対策に係る条例制度について論じている。

　第3章は、地域の立場から必須の取組み課題であり、かつ政策主体として適切な対策体系の整備が求められる廃棄物問題に係る条例制度について紹介し、続く第4章は、地域に豊かに広がる自然環境の保全・活用や、生物多様性保全の取組みに対応する自然環境保全に係る条例制度について取り上げる。

　第5章は、国に先駆けて体系的な制度化を行い、実績を積み上げてきた環境影響評価に係る条例の課題等を整理する。

　第6章は、環境政策の原点ともいうべき公害対策に関する条例制度に注目する。大気汚染、水質汚濁、土壌汚染、騒音、振動、地盤沈下、悪臭の典型7公害について、条例による規制対策の現状を整理し、課題等を指摘している。

　最後の第7章では、各地に急速に広がる再生可能エネルギーの普及について、条例制定の意義、施策体系を位置づける条例制度について分析する。

　ふり返ると、各地で発生する環境問題に対応して、規制対策など環境条例の制定・運用が始まっておよそ50年余が経過する。この間、解決すべき環境問題の様相は大きく変遷・拡大し、対策手法は新たな試みが取り入れられるなど状況の変化が生じ、これにあわせて、条例制度も格段の進歩を遂げてきたといっても過言ではない。

　筆者らは、そうした最新の情報や動向について、できうる限りの収集と分析を行い本書に盛り込むこととしたが、なお不十分な点もみられるかと思う。お気づきの点など忌憚のないご指摘をいただければ、大変幸いである。

　本書を手に取った読者が、環境条例制度の「いま」、すなわち環境条例の到達点と今後の方向性について、いっそうの理解を深め、施策の立案・検討や行政対応に活用していただくことができれば、筆者らにとって望外の喜びである。

　また今日の厳しい出版事情にもかかわらず、自治体環境条例という、類書のない企画の出版をこころよく引き受け、編集の労をとっていただいた信山社の稲葉文子さん、袖山貴さんには、改めて厚く御礼を申し上げたい。

執筆者を代表して

田　中　　充

目　次

はじめに

① 都道府県と条例 ────────────── 3

1　都道府県とは何か ── 都道府県の位置づけと権限 ────── 4
(1)　地方自治体の種類（4）
(2)　国と都道府県との関係性（6）
(3)　都道府県と市町村との関係性（7）
(4)　予算・自主財政権・自主課税権（8）

2　地方自治体が定める条例 ─────────────── 9
(1)　地方自治体の法体系（条例、規則、要綱、基準、宣言、計画）（9）
(2)　条例による上乗せ・横出し・裾下げ（12）
　①　上乗せ（12）
　②　横出し（13）
　③　裾下げ（裾出し）（13）
(3)　条例の分類（13）
(4)　条例の制定過程（14）

② 地球温暖化対策条例の制度と運用 ────── 19

1　自治体がリードする事例の多い温暖化防止分野 ──── 20
2　温暖化防止に関する法律と条例 ─────────── 21
3　温暖化対策条例の全国的な動向と特徴 ───────── 22
(1)　温暖化対策の基本となる対策計画書制度（24）
(2)　自動車使用にともなう温暖化対策規制（27）
(3)　建築物に対する温暖化対策規制（27）
(4)　消費者等への情報提供義務（28）

4　温暖化対策条例の先進的な事例 ─────────── 30

●目　次

❸ 廃棄物条例の制度と運用 ─── 33

1 廃棄物対策の経緯と関係法令の整備 ─── 34
2 廃棄物処理法と条例との関係 ─── 34
　(1)　廃棄物の処理及び清掃に関する法律施行細則の制定（35）
　(2)　都道府県廃棄物処理計画（36）
3 都道府県の廃棄物条例の動向と全体的な特徴 ─── 36
　(1)　廃棄物関連条例の制定状況（36）
　(2)　条例等による主な規制内容（39）
　　①　法律が定める産業廃棄物以外の特定物への規制（39）
　　②　廃棄物保管に関する届出制度（40）
　　③　排出事業者による実地確認（43）
　　④　多量排出事業者の指定と義務的事項（45）
　　⑤　廃棄物管理責任者等の選任と届出（46）
　　⑥　管理票（マニフェスト）等の交付（46）
　　⑦　建設系廃棄物に対する規制（47）
　　⑧　その他廃棄物規制に関する独自対策（48）
　(3)　産業廃棄物に関する独自の制度（49）
　　①　県外産業廃棄物の搬入事前協議（49）
　　②　産業廃棄物税（49）
4 条例等の違反に対する事業者への罰則 ─── 52
　(1)　廃棄物処理法にもとづく罰則（52）
　(2)　条例にもとづく罰則（52）

❹ 自然環境保全条例の制度と運用 ─── 55

1 自然環境保全施策の経緯 ─── 56
　(1)　自然保護・保全の概念（56）
　(2)　自然環境保全法の制定（56）
　(3)　自然環境保全基礎調査（緑の国勢調査）の実施（57）

2 自然環境保全等の法制度 — 58
(1) 自然環境保全に係る基本的な枠組み（58）
(2) 自然環境保全施策に係る関連法制度の整備（59）
(3) 都道府県における自然環境保全条例（59）

3 森林環境税の導入 — 60

4 森林保護施策の課題 — 65

5 地域における生物多様性保全の取組み — 67

6 森林保全と水質管理に係る条例制度の事例（滋賀県） — 69

⑤ 環境影響評価条例の制度と運用 — 71

1 環境アセスメント制度の意義 — 72
(1) 環境アセスメント制度の趣旨（72）
(2) 国内における環境アセスメント制度の経緯（72）

2 環境影響評価法の手続および条例との関係 — 74
(1) 法制度の手続（75）
(2) 法律と条例との関係（77）

3 都道府県等における環境影響評価条例の概要 — 82
(1) 環境影響評価条例の制定状況（82）
(2) 法改正にともなう環境影響評価条例の主な改正点の動向（84）

4 事業者への主な規制的事項 — 86
(1) 事業者に課せられる手続等（87）
(2) 求められる手続等に対する強制的手段（88）

5 環境影響評価条例の事例 — 89
(1) 北海道環境影響評価条例（89）
(2) 沖縄県環境影響評価条例（91）

⑥ 公害防止条例の制度と運用 — 93

● 目 次

- Ⅰ 公害防止に関する条例制度 ……… 94
  - 1 公害防止対策の取組み ……… 94
    - (1) 典型7公害（94）
    - (2) 環境基準の設定（95）
    - (3) 公害防止計画（96）
  - 2 公害防止に関する条例の制定 ……… 97
  - 3 公害防止に関する条例の基本的事項 ……… 99
    - (1) 条例の構成（99）
    - (2) 都道府県から市への権限委譲（99）
  - 4 事業者の責務と義務的事項の規制 ……… 100
- Ⅱ 大気汚染防止に係る規制対策 ……… 101
  - 1 大気汚染問題の広がりと大気汚染防止法の制定 ……… 101
  - 2 大気汚染防止法にもとづく排出規制 ……… 102
    - (1) 規制の対象物質（102）
    - (2) 規制の対象施設（104）
    - (3) 規制の手法（105）
    - (4) 罰則の内容（107）
  - 3 上乗せ・横出し規制の実態 ……… 108
  - 4 事業者への規制と罰則のポイント ……… 110
  - 5 条例による大気規制の事例 ……… 111
- Ⅲ 水質汚濁防止に係る規制対策 ……… 113
  - 1 水質問題の広がりと水質汚濁防止法等の制定 ……… 113
  - 2 水質汚濁防止法の水質規制 ……… 113
    - (1) 法の目的（113）
    - (2) 水質規制の対象（114）
    - (3) 水質規制の枠組みと手法（114）
      - ① 特定施設の設置等の届出（116）
      - ② 排水規制（117）
      - ③ 地下浸透規制（119）
      - ④ 事故時の措置（120）

⑤　汚染状態等の測定および水質監視（120）
　（4）規制の担保措置——事業者の違反に対する罰則（121）
　3　法と条例との関係——条例の対象範囲 ································· 122
　　（1）法の規定にもとづく条例規制の範囲（122）
　　（2）排水基準に係る上乗せ基準の制定（124）
　　　①　上乗せ規制・上乗せ基準の概念と位置づけ（124）
　　　②　上乗せ規制の実施状況（124）
　4　条例による水質規制の事例 ·· 127
　　（1）神奈川県の水質規制（127）
　　　①　公害対策の経過（127）
　　　②　神奈川県条例の水質規制の概要（127）
　　（2）大阪府条例の水質規制（129）
　　　①　公害対策の経過（129）
　　　②　大阪府条例の水質規制の概要（130）

Ⅳ　土壌汚染対策に係る規制・対策 ·· 133
　1　土壌汚染問題と法制度の経緯 ·· 133
　2　農用地の土壌の汚染防止等に関する法律 ································ 133
　3　土壌汚染対策法の制定 ··· 134
　4　改正土壌汚染対策法 ··· 135
　　（1）土壌汚染対策法の改正の背景（135）
　　（2）改正土壌汚染対策法における事業者への規制と罰則（136）
　　（3）事業者が留意すべきポイント（136）
　5　土壌汚染対策に関する条例 ·· 139
　　（1）条例制度のねらい（139）
　　（2）条例の事例（141）

Ⅴ　騒音防止に係る規制対策 ··· 142
　1　騒音問題と騒音規制法 ··· 142
　2　法律と条例の関係 ··· 146
　　（1）騒音規制の特徴（146）
　　（2）法律で規定されている都道府県知事の役割（148）

● 目　次

　　　　① 規制地域の指定（148）
　　　　② 規制基準の設定（148）
　　　　③ 規制地域の指定および規制基準の設定の公示（149）
　　　　④ その他（149）
　　3　事業者への規制と罰則 150
　　(1) 法律にもとづく事業者への規制と罰則（150）
　　(2) 条例にもとづく事業者への規制と罰則（150）
　　　　① 東京都（151）
　　　　② 神奈川県（152）
　　　　③ 大阪府（153）
　　　　④ 山梨県富士五湖の静穏の保全に関する条例（153）
　　　　⑤ 滋賀県琵琶湖のレジャー利用の適正化に関する条例（153）

Ⅵ　振動防止に係る規制対策 155
　1　振動問題と振動規制法 155
　2　法律と条例の関係 157
　　(1) 振動規制の特徴（157）
　　(2) 法律で規定されている都道府県知事の役割（157）
　　　　① 規制地域の指定（157）
　　　　② 規制基準の設定（158）
　　　　③ 規制地域の指定および規制基準の設定の公示（158）
　　3　事業者への規制と罰則 158
　　(1) 法律にもとづく事業者への規制と罰則（158）
　　(2) 条例にもとづく事業者への規制と罰則（159）

Ⅶ　地盤沈下防止に係る規制対策 160
　1　地盤沈下問題と法規制 160
　　(1) 工業用水法（160）
　　(2) 建築物用地下水の採取の規制に関する法律（ビル用水法）（160）
　　(3) 地盤沈下防止等対策要綱（163）
　2　法律と条例の関係 163
　　(1) 工業用水法等による規制の特徴（163）

(2)　法律で規定されている都道府県の役割（164）
  3　事業者への規制と罰則 ──────────────── 164
　(1)　法律にもとづく事業者への規制と罰則（164）
　(2)　条例にもとづく事業者への規制と罰則（165）

Ⅷ　悪臭防止に係る規制対策 ──────────────── 167
  1　悪臭と法規制 ──────────────────── 167
  2　法律と条例の関係 ────────────────── 168
　(1)　特　　徴（168）
　(2)　法律で規定されている都道府県知事の役割（168）
　　①　規制地域の指定（168）／②　規制基準の設定（168）／③　規制地域の指定および規制基準の設定の公示（169）
  3　事業者への規制・罰則のポイント ─────────── 169
　(1)　法律にもとづく事業者への規制・罰則（169）
　(2)　条例にもとづく事業者への規制・罰則（170）

7 再生可能エネルギーの導入促進と規制対策 ──── 171

1　再生可能エネルギーの普及と法制度 ──────────── 172
　(1)　再生可能エネルギー施策の枠組み（172）
　(2)　国のエネルギー政策の流れ（172）
　(3)　再生可能エネルギー施策に関する国の法制度の概要（174）
　　①　地球温暖化対策の推進に関する法律（174）
　　②　エネルギー政策基本法（176）
　　③　バイオマス活用推進基本法（176）
　　④　電気事業者による再生可能エネルギー電気の調達に関する特別措置法（177）
　【コラム】固定価格買取制度の概要

2　都道府県における再生可能エネルギー条例 ──────── 179
　(1)　条例の制定状況（179）
　(2)　再生可能エネルギー施策の条例上の位置づけ（181）

● 目　次

　　　① 再生可能エネルギー導入促進用に係る条例を持つ都道県（181）／② 地球温暖化対策条例に位置づけている府県（182）／③ 条例上の位置づけがない県（182）

　　(3) 地球温暖化対策条例等における再生可能エネルギー施策の規定（182）

　　　① エネルギー計画書の提出の義務づけ（北海道、東京、長野、京都）（183）／② 温室効果ガス排出削減計画書への算入（東京、京都、和歌山、熊本、宮崎）（183）／③ 再生可能エネルギー技術に係る研究開発の促進（神奈川、滋賀、和歌山）（183）

　　(4) 再生可能エネルギー導入促進に関する条例の内容（183）

　　(5) 再生可能エネルギー導入推進基金条例（185）

3　再生可能エネルギーの導入促進施策の動向 ……………… 185

　　(1) 大規模太陽光発電等の候補地情報の公表（188）

　　(2) 特徴的な再生可能エネルギー導入促進施策（188）

　　　① かながわソーラーバンクシステム（神奈川県）（188）

　　　② 自然エネルギー信州ネット（長野県）（189）

　　(3) 市町村の再生可能エネルギー導入促進施策（189）

　　　① 飯田市再生可能エネルギーの導入による持続可能な地域づくりに関する条例（189）

　　　② 小田原市再生可能エネルギーの利用等の促進に関する条例（189）

4　事業者への主要な規制事項のポイント ……………… 190

　　(1) 再生可能エネルギー設備の建設等に係る関係法令の規制（190）

　　(2) 太陽光発電設備の設置に係わる規制内容──山口県の事例（194）

　　　① 農地法および農業振興地域の整備に関する法律の規制（194）

　　　② 森林法の規制（194）

　　　③ 自然公園条例および景観条例の規制（195）

　　(3) 市町村における再生可能エネルギー設備の立地規制（195）

参考・引用文献（197）

環境条例の制度と運用

1 都道府県と条例

Q. 大学生のA君は、身近な環境問題としてのごみ問題に関心を持っている。社会全体でごみ処理を適正に行うためには、その費用を税金でまかなうのがよいはずだと考え、ゼミ発表のテーマを「ごみと税金」に決めた。

A君は、ごみと税金についていろいろと調べていくなかで、「産業廃棄物税」という税目があることを知った。そして同時に、これは全国で国が徴収する税金ではなく、都道府県単位で徴収しているところもあれば、徴収していないところもあるということに気がついた。なぜこのような状況になっているのだろうか。

A. 国内の税金には、まず、国が徴収する国税と地方自治体が徴収する地方税がある。このうち地方税は、国がつくる法律（地方税法）で大枠が決められているが、近年、地方自治体の裁量が拡大し、地方自治体が独自に創設することができる税金の種類が増えた。このようにして新たに創設が認められるようになった「法定外目的税」の一種として、産業廃棄物税が全国の約半数の道府県で導入されている（9頁参照）。ごみ問題のように、住民に身近な問題は、住民により近い政府である地方自治体で独自に決められるようになってきている。

税金のほかにも、市民や事業者に対して、環境問題の解決のために一定の環境規制を守るよう義務が課されることがある。それらの規制にも、国が全国一律で定めているもののほかに、地域の実情に応じて、地方自治体が規制基準をより厳しくしたり（上乗せ）、規制対象を広げたり（横出し）することもある（12-13頁参照）。

環境問題に対して社会全体で取り組むといっても、国と地方自治体、地方自治体のなかでも都道府県と市町村のレベルで、それぞれ役割が異なっていることにも注意したい。

● 第 1 章　都道府県と条例

　本章において、まず、都道府県とは何か、次に条例とは何か、についての基本的な事項を確認し、最後に条例の一般的な制定過程をみることで、自治体環境政策立案過程の一端を垣間見てみたい。

1　都道府県とは何か ── 都道府県の位置づけと権限

（1）　地方自治体の種類

　わが国には、北海道から沖縄県まで 47 の都道府県がある。これらは、地方自治法が定める地方公共団体の一種であり、会社法に定める株式会社のように、それぞれが独立した法人格を持つ。ただし、地方公共団体は、住民による普通選挙によって、団体の代表である知事や団体の意思決定機関である議会の議員等を選ぶようになっており、地方における政府として特別な権限を与えられている。

　市区町村も、都道府県と同じ地方自治法に定める地方公共団体である。ただし、区については、東京都 23 区を指す特別区が市町村と同様に公選の長（区長）と公選の議員からなる議会を持つ独立した地方公共団体であるのに対し、指定都市におかれる区は、市の内部組織であり、独立した法人格を持たないので、注意したい。

　また、ごみ処理、消防、高齢者医療等の特定の行政事務について、単独の市区町村での処理が難しい場合、いくつかの市区町村が協力しあい、ときには都道府県も加わって、一部事務組合や広域連合を設立して共同処理することがある。これらはあわせて地方公共団体の組合と呼ばれ、この組合自体がまた 1 つの地方公共団体とみなされる。一方、市町村内の一部地域（山林等）の財産を管理するための財産区も、地方公共団体の一種であり、当該市町村とは別の法人格を持つ。

　なお、都道府県と市町村が普通地方公共団体、特別区・地方公共団体の組合・財産区は特別地方公共団体と呼ばれて区別されているが、後者のうち特別区は市町村とともに基礎的な地方公共団体（基礎自治体）として位置づけられている（表 1-1 参照）。

表1-1　地方公共団体（自治体）の種類

普通地方公共団体	都道府県
	市町村
特別地方公共団体	特別区
	地方公共団体の組合 　一部事務組合 　広域連合
	財産区

　本書では、特に断りのない限り、「地方自治体」または「自治体」という用語は、都道府県、市町村又は特別区を指すものとして用いる。
　地方自治法では、一定規模以上の人口を持つ大都市を政令で指定し、都道府県が処理することとされている事務の一部をその市が扱えるようにする特例が設けられている。
　地方自治法では、一定規模以上の人口を持つ大都市を政令で指定し、都道府県が処理することとされている事務の一部をその市が扱えるようにする特例が設けられている。
　地方自治法は、指定都市（人口50万人以上）が処理することができる事務として、「児童福祉に関する事務」をはじめとする17項目が列挙している。また、中核市（人口30万人以上）および特例市（人口20万人以上）は、その一部を処理することができるとされている。なお、2014（平成26）年の法改正により、

表1-2　大都市制度と市が処理することができる事務

名称	人口要件	処理することができる事務
指定都市	50万人以上	児童福祉に関する事務等17項目（地方自治法） その他個別の法令で定めるもの（廃棄物の処理及び清掃に関する法律等）
中核市	30万人以上※	指定都市が処理することができる事務の一部
特例市	20万人以上	中核市が処理することができる事務の一部
その他の市	原則5万人以上 （例外あり）	個別の法令により指定されたもの（指定された市のみ） （例：廃棄物処理法第24条の2および同法施行令）

※ 2015（平成27）年4月1日から「20万人以上」へ引き下げ。特例市制度は中核市制度に統合される。

2015(平成27)年4月1日から中核市の人口要件が20万人に引き下げられ、特例市制度は廃止されて中核市制度と統合されることとなった。

　さらに、個別の法令により、これらの大都市やその他の市を指定して、都道府県の権能の一部を担うようにしているものもある(表1-2参照)。例えば、廃棄物の処理及び清掃に関する法律(第24条の2)は「この法律の規定により都道府県知事の権限に属する事務の一部は、政令で定めるところにより、政令で定める市の長が行うこととすることができる」とし、ここでいう「政令で定める市」は、同法施行令で、指定都市、中核市、呉市、大牟田市および佐世保市と定められている。

(2) 国と都道府県との関係性

　前項で、都道府県は独立した法人格を持つことを強調したが、国と都道府県は、実態上はさまざまな制度によって融合していた歴史を持つ。これに対し、近年は、住民に身近な行政はできる限り地方公共団体にゆだねるということを基本理念として地方分権改革が進められている。

　国と都道府県の融合を示す制度の代表例が、かつての機関委任事務である。これは、国の事務を自治体の首長等に委任し、その事務を処理する限りにおいては、委任を受けた首長等が国の指揮監督のもとにあって国の下級行政機関として扱われるという制度である。かつて自治体が実際に処理していた事務の多くがこの機関委任事務であったといわれる。

　1999(平成11)年の地方自治法改正により、機関委任事務の概念は廃止されることとなり、自治体の事務は法定受託事務と自治事務に整理された。両事務の定義を確認すると、次のようになっている。

　まず、法定受託事務は、「法律又はこれに基づく政令により都道府県、市町村又は特別区が処理することとされる事務のうち、国が本来果たすべき役割に係るものであつて、国においてその適正な処理を特に確保する必要があるものとして法律又はこれに基づく政令に特に定めるもの」(第1号法定受託事務)と定義され、地方自治法の別表に限定列挙されている。法定受託事務は、処理権限が自治体側に帰属し、国が適正処理のために行う措置は二次的なものと位置づけられる。この点で、事務処理権限が国に帰属していた機関委任事務とは異

なる。

自治事務は、自治体が処理する事務のうち「法定受託事務以外のもの」と定義されている。具体的には、例えば公共施設（文化ホール等）の管理のように、自治体で独自に処理が必要であると判断して行う事務はもちろん、国会で制定する法律で規定はされるが、国ではなく自治体が処理するよう定められている事務（介護保険サービス、国民健康保険の給付等）も含まれる。

法定受託事務と自治事務の具体例として、大気汚染防止法の例をみてみよう。法定受託事務を列挙した地方自治法の別表には、以下のとおり、大気汚染防止法の規定が掲げられている。

地方自治法　別表第1　第1号法定受託事務（抜粋）

大気汚染防止法（昭和43年法律第97号）	この法律の規定により都道府県が処理することとされている事務のうち、第5条の2第1項の規定により処理することとされているもの（指定ばい煙総量削減計画の作成に係るものを除く。）並びに同条第2項及び第3項、第15条第3項、第15条の2第3項及び第4項並びに第22条第1項及び第1項の規定により処理することとされているもの

このうち、大気汚染防止法第5条の2第1項をみると、いおう酸化物等の指定ばい煙について、環境省が定める基準に従って総量規制基準を定めることを都道府県の義務としており、この事務が第1号法定受託事務の1つとされている。

一方、同じ条文のなかで、都道府県が指定ばい煙総量削減計画を作成することも義務として規定されているが、こちらは第1号法定受託事務からは除外されており、自治事務となっている。

このように、法律のなかで多数の事務を都道府県等が処理するように規定されているのであるが、国が強い関与権限を持つ事項を制限しようという配慮がうかがえる。

(3)　都道府県と市町村との関係性

前述したように、都道府県と市町村はともに地方自治法に定める地方公共団体で、それぞれに独立した法人格を持つという意味で、互いに対等である。

一方、都道府県は市町村を包括する広域の地方公共団体、市町村は基礎的な地方公共団体と位置づけられており、規模に違いがある。また、その役割について、都道府県は「広域にわたるもの、市町村に関する連絡調整関するもの及びその規模又は性質において一般の市町村が処理することが適当でないと認められるものを処理する」とされており、市町村は、地方公共団体の事務のうち、都道府県が処理するものを除くすべての事務を処理する、という整理になっている。

地方分権改革の一環で、国から地方への分権とともに、都道府県から市町村への分権も進展している。上述した機関委任事務の廃止は都道府県と市町村との関係にも当てはまり、市町村が処理する事務のうち「都道府県が本来果たすべき役割に係るものであつて、都道府県においてその適正な処理を特に確保する必要があるものとして法律又はこれに基づく政令に特に定めるもの」は、第1号法定受託事務に対して、第2号法定受託事務と呼ばれる。

さらに、住民により身近な地方公共団体である市町村を重視する考えから、従来は都道府県が処理していた事務について、市町村の規模や能力に応じて権限を委譲する取組みも進められている。1999（平成11）年から10余年をかけて推進されてきた市町村合併の結果、3,232（1999（平成11年）3月31日現在）あった市町村は2014（平成26）年4月時点で1,700余りにまで減少し、平均人口および平均面積はほぼ倍増した。合併にともない、町村から市へ、一般市から特例市・中核市・指定都市へと昇格し、都道府県から事務権限の委譲を受けたところも少なくない。

(4) 予算・自主財政権・自主課税権

自治体のあらゆる政策の遂行には予算の裏づけが必要となる。そのため、予算の調整が自治体行政にとって最も重要な政策形成プロセスといわれる。自治体は、さまざまな行政課題を抱えており、限られた財源を適切に配分することが求められる。

自治体は、必要な財源を自ら調達する機能である自主財政権を認められているが、財源となる地方税、地方交付税、国庫支出金（補助金等）、地方債等について、それぞれに法令等による制約がある。上述の事務権限の委譲にともな

い、裏づけとなる財源についても、自主性を確保する方向での改革が進められている。かつて叫ばれた「三位一体の改革」は、このうち、国から地方への税源委譲、国庫補助金等の削減、地方交付税の見直しの3点を同時に行うというものであった。

自治体が自ら税（地方税）を徴収する機能のことを自主課税権というが、地方税の内容（税目、税率等）は、地方税法で細かく定められている。税は、一般に使途に定めがない普通税（住民税、事業税等）と、特定の目的に使用されることが決められている目的税（狩猟税、都市計画税等）に区別される。かつては、自治体が独自に創設できるのは法定外普通税のみで、しかも国（旧自治省）の許可が必要であった。

しかし、1999（平成11）年に制定された地方分権一括法によって、許可制から事前協議制へ規制が緩和されるとともに、法定外目的税も創設できることとなり、自治体は地域特有の行政課題に即応した財源確保が従来と比べてしやすくなった。法定外普通税と法定外目的税の状況を表1-3に示す。

こうした新税の創設は新たな住民負担を求めることになるので、実際の導入にあたっては、慎重に議論がなされている。法定外目的税の導入事例として、産業廃棄物税をはじめ、環境政策に関連するものが多いことには注目しておきたい。

なお、第4章で紹介する森林環境税に関しては、法定されている県民税に一定の金額を上乗せする超過課税という方式をとっている。自治体独自の新税という文脈で語られることが多いが、形式上は法定外普通税・法定外目的税のように新たな税目を新設するのとは異なる手法となっている。

2　地方自治体が定める条例

(1) 地方自治体の法体系（条例、規則、要綱、基準、宣言、計画）

地方自治体は、その事務を実施するにあたり必要な事項に関し、条例や規則、要綱、基準といったルールを定めたり、計画や宣言といったものを策定したりしている。ここでは、それぞれの意味や違いについて確認しておく。

● 第1章　都道府県と条例

表1-3　法定外税の状況

1. 法定外普通税
○都道府県

石油価格調整税	沖縄県
核燃料税	北海道、宮城県、新潟県、福井県、石川県、静岡県、島根県、愛媛県、佐賀県、鹿児島県
核燃料等取扱税	茨城県
核燃料物質等取扱税	青森県
計	13道県

○市区町村

別荘等所有税	熱海市（静岡県）
砂利採取税	山北町（神奈川県）
歴史と文化の環境税	太宰府市（福岡県）
使用済核燃料税	薩摩川内市（鹿児島県）
狭小住戸集合住宅税	豊島区（東京都）
空港連絡橋利用税	泉佐野市（大阪府）
計	6市区

2. 法定外目的税
○都道府県

産業廃棄物税等	北海道、青森県、岩手県、宮城県、秋田県、山形県、福島県、新潟県、愛知県、三重県、滋賀県、京都府、奈良県、鳥取県、島根県、岡山県、広島県、山口県、愛媛県、福岡県、佐賀県、長崎県、熊本県、大分県、宮崎県、鹿児島県、沖縄県
宿泊税	東京都
乗鞍環境保全税	岐阜県
計	29都道府県

○市区町村

山砂利採取税	城陽市（京都府）
遊漁税	富士河口湖町（山梨県）
環境未来税	北九州市（福岡県）
使用済核燃料税	柏崎市（新潟県）
環境協力税	伊是名村、伊平屋村、渡嘉敷村（沖縄県）
計	7市町村

出典：総務省「法定外税の状況（平成26年4月1日現在）」
（http://www.soumu.go.jp/main_content/000274767.pdf）により筆者作成

条例は、憲法（第94条）および地方自治法（第14条）に根拠を持つ。「法律の範囲内」等の一定の制限はあるものの、住民に対して義務を課し、権利を制限する規定や刑罰の規定も置くことができる厳格な法規である。制定にあたっては議会の議決が必要である。

　規則は、地方自治法（第15条等）に根拠があり、執行機関である首長（知事や市町村長等）や各種の行政委員会（教育委員会等）がその権限に属する事務に関して、議会の議決なしで制定することができる。規則のみで住民に新たに義務を課し、権利を制限するような内容や刑罰（懲役・罰金等）の規定は設けることはできないが、規則として制定された事項は単なる内部規定ではなく、体外的に法的な拘束力をもち、5万円以下の過料を科すこともできる。

　これに対し、要綱という形式には、憲法や法律に直接の根拠がなく、実務上の判断基準や手続等を自治体の内部規範として定めているものであって、法的拘束力はない。ただし、通常は、法令等の規定の範囲内で自治体の裁量に任されていることがらについて、あらかじめ基準を示していたり、円滑な事務処理のための手続的な細則を定めたりしている（例えば「産業廃棄物処理指導要綱」など）ので、住民や事業者もこれに従うことが期待されている。

　自治体がさまざまな基準を設定することがあるが、それがどのような形式で制定されているか（規則か要綱かなど）や、法令上のどのような権限に根拠を持つのかなどの条件によって、その効力に違いがある。例えば、多くの自治体で制定例がみられる「産業廃棄物の処理施設の維持管理に関する基準」は、廃棄物の処理及び清掃に関する法律で規定されている権限（産業廃棄物処理施設の設置の許可等）を背景に、施設の設置者等に対して行う指導の指針を示した「産業廃棄物処理指導要綱」を補完するものとして位置づけられている。

　なお、下位に位置づけられているからといって、この「基準」自体が全体として軽易なものというわけではない。その内容は、法令の規定を再掲していたり、裁量の範囲に属することを明示して、どういう場合に権限を発動するかを予見させるものもあることから、実務上は重要なものといえよう。

　自治体が議会の議決等を経て宣言（「環境自治体宣言」等）を行うことがあるが、その内容には実質的な権利義務の規定がないのが通常である。あくまで当該自治体（首長や議会）の姿勢を示したものに過ぎず、予算編成の際や行政上

の指針とされるにとどまるものと考えられる。

なお、ある種の条例が「宣言（的）条例」と呼ばれることがある。これは、抽象的な努力義務規定のみで実質的な権利義務の規定がなく、理念的な表現のみにとどまるものを指している。

条例や規則、要綱といった規定のほかに、自治体は各種の計画を定めている。一般に、当該自治体の政策全般についてまとめた総合計画と分野別計画があり、分野別計画のなかには法令にもとづき必ず定めることとされているものが含まれる。これらの計画は、複数年度（5年程度のものが多い）にわたる行政の方針や目標が示され、毎年の予算編成等の参考とされる。環境政策に関していえば、多くの自治体で、環境基本条例において環境政策に関する基本計画を策定することを規定し、中・長期にわたる政策目標等が掲げられている。環境基本計画自体が自治体の総合計画に対して分野別計画であるが、さらに環境分野のなかで、廃棄物処理や自然環境保護等の個別計画が策定される。

(2) 条例による上乗せ・横出し・裾下げ

憲法上、自治体は「法律の範囲内」で条例を制定することができる（憲法第94条）。一般的には、問題となる法律と条例との間で、目的が異なり、条例の適用によって法律の目的と効果が阻害されないときには、その条例は「法律の範囲内」とする判例が確立している（徳島公安条例事件）。ここでは、条例が「法律の範囲内」といえるかどうかが問題となる例として、代表的な①上乗せ、②横出し、③裾下げ（裾出し）の3つの概念をみておきたい。

① 上乗せ

法律が規制している事項について、同じ目的で、条例で法律よりも厳しい内容を課すことを「上乗せ」という。法律の基準が、ナショナル・ミニマム（全国一律の最低基準）と考えられる場合には、法律の目的と効果が阻害されないため、条例による上乗せ規制が許容される。例として、大気汚染防止法第4条1項にもとづき都道府県がより厳しい排出基準を定める場合や、騒音規制法第4条第2項にもとづき町村が独自の規制基準を定める場合等がこれにあたる。

なお、以下に述べる横出しや裾下げも、法律を上回る厳しい規制を自治体が

行うという広い意味で、広義の上乗せの概念に含めて用いられることもある。

② 横出し

法律と条例の規制の目的が同じであり、法律で規制していない事項まで条例で規制することを「横出し」という。法律による規制がナショナル・ミニマムで、規制事項の拡大が法律の目的と効果を阻害しないと考えられる場合には、横出し規制は許容される。例えば、大気汚染防止法第32条にもとづき自治体が法定外の物質を規制対象とする場合や、騒音規制法第27条第2項にもとづき法定外の施設や作業を規制対象とする場合等がこれにあたる。

③ 裾下げ（裾出し）

法律が、一定規模以上の事業者や事業所等だけを規制対象とし、それ未満の規模の事業者や事業所を対象から除外することを、一般に「裾切り」という。これに対し、法律が定める裾切り基準未満の規模の事業者や事業所等まで規制対象を広げることを「裾下げ」という。同じことを「裾出し」ということもある。法律が一定規模以上の領域を規制することをナショナル・ミニマムとしており、対象の拡大が法律の目的と効果を阻害しないと考えられる場合には、条例による裾下げ規制は許容される。

(3) 条例の分類

前項では、規制を目的とする条例を念頭に置いていたが、それ以外にもさまざまな目的で条例が制定されている。環境分野の条例もいくつかの類型に区分することができる。

まず、大きくは自治体が自らの事務に関して独自の施策を定める独自条例（自主条例）と、法律と直接的に関係して法律執行のために定める法律執行条例という区分が考えられる。表1-4にこうした条例の区分を示す。

独自条例（「自主条例」とも呼ばれる）には、主に基本理念等を規定した理念条例のほか、事業者等に対する規制を定めた規制条例、個別の施策について定めた施策推進条例、行政が行うべき手続を定めた手続条例、複数の自治体が歩調を合わせて一斉に制定する統一条例等が含まれる。環境政策における理念条例の例として、都道府県等が定める環境基本条例があり、表1-5にその制定

第1章 都道府県と条例

表1-4 自治体環境行政における条例の区分と内容

条例の範囲	条例の区分	条例の性格・内容	種類と事例
環境分野の条例	独自条例（自主条例）：自治体が自らの事務に関して独自の施策を定める	理念条例※1	環境基本条例、環境保全条例
		規制条例	公害防止条例、生活環境保全条例
		施策推進条例	自然環境条例、温暖化対策条例
		手続条例	環境影響評価条例
		統一条例	河川を美しくする条例
	法律執行条例：法律と直接的に関係して法律執行のために定める	委任条例	湖沼水質保全法に基づく指定施設の構造及び使用方法の基準条例※2
		執行条例	水質汚濁防止法に基づく排水基準条例

※1：理念条例や規制条例、施策推進条例等の区分は、規定内容に着目した整理であり、相互排他的なものではない。実際の条例には理念的な事項、規制事項、施策推進に係る事項が総合的に含まれる。
※2：条例名称は略称である。
出典：宇都宮深志・田中充編著「事例に学ぶ 自治体環境行政の最前線～持続可能な地域社会の実現をめざして～」ぎょうせい（2008）、42頁、表1-2-1。

状況を示す。

　また、法律執行条例は、法律の委任を受けて定める委任条例と、法律の委任はないが、法律を執行するために必要な事項を具体化して定める執行条例とに分けられる。

　環境分野の条例を歴史的にみると、環境汚染の深刻な地域を抱える都府県が先行して独自に公害防止条例を制定して対策を講じ、それが全国の自治体に波及し、国における各種法令の制定に至っている。自治体の条例制定の動きは、国政を動かす原動力ともなっている。

(4) 条例の制定過程

　条例は、議会に提出された条例案が議決され、自治体の公報（県報等）への登載により公布された後、条文に規定された施行日から効力を発する（施行される）。

　条例案は、自治体の長又は議員が提案することができる。前者は首長提案、後者は議員提案と呼ばれる。

2 地方自治体が定める条例

表1-5 都道府県環境基本条例の制定状況

都道府県名	条例名称	制定年
北海道	北海道環境基本条例	1996（平成8）年
青森県	青森県環境の保全及び創造に関する基本条例	1996（平成8）年
岩手県	岩手県環境の保全及び創造に関する基本条例	1998（平成10）年
宮城県	環境基本条例	1995（平成7）年
秋田県	秋田県環境基本条例	1997（平成9）年
山形県	山形県環境基本条例	1999（平成11）年
福島県	福島県環境基本条例	1996（平成8）年
茨城県	茨城県環境基本条例	1996（平成8）年
栃木県	栃木県環境基本条例	1996（平成8）年
群馬県	群馬県環境基本条例	1996（平成8）年
埼玉県	埼玉県環境基本条例	1994（平成6）年
千葉県	千葉県環境基本条例	1995（平成7）年
東京都	東京都環境基本条例	1994（平成6）年
神奈川県	神奈川県環境基本条例	1996（平成8）年
新潟県	新潟県環境基本条例	1995（平成7）年
富山県	富山県環境基本条例	1995（平成7）年
石川県	ふるさと石川の環境を守り育てる条例	2004（平成16）年
福井県	福井県環境基本条例	1995（平成7）年
山梨県	山梨県環境基本条例	2004（平成16）年
長野県	長野県環境基本条例	1996（平成8）年
岐阜県	岐阜県環境基本条例	1995（平成7）年
静岡県	静岡県環境基本条例	1996（平成8）年
愛知県	愛知県環境基本条例	1995（平成7）年
三重県	三重県環境基本条例	1995（平成7）年
滋賀県	滋賀県環境基本条例	1996（平成8）年
京都府	京都府環境を守り育てる条例	1995（平成7）年
大阪府	大阪府環境基本条例	1994（平成6）年
兵庫県	環境の保全と創造に関する条例	1995（平成7）年
奈良県	奈良県環境基本条例	1996（平成8）年
和歌山県	和歌山県環境基本条例	1997（平成9）年
鳥取県	鳥取県環境の保全及び創造に関する基本条例	1996（平成8）年
島根県	島根県環境基本条例	1997（平成9）年
岡山県	岡山県環境基本条例	1996（平成8）年
広島県	広島県環境基本条例	1995（平成7）年
山口県	山口県環境基本条例	1995（平成7）年
徳島県	徳島県環境基本条例	1999（平成11）年
香川県	香川県環境基本条例	1995（平成7）年
愛媛県	愛媛県環境基本条例	1996（平成8）年
高知県	高知県環境基本条例	1996（平成8）年
福岡県	福岡県環境保全に関する条例	1972（昭和47）年
佐賀県	佐賀県環境基本条例	1997（平成9）年
長崎県	長崎県環境基本条例	1997（平成9）年
熊本県	熊本県環境基本条例	1990（平成2）年
大分県	大分県環境基本条例	1999（平成11）年
宮崎県	宮崎県環境基本条例	1996（平成8）年
鹿児島県	鹿児島県環境基本条例	1999（平成11）年
沖縄県	沖縄県環境基本条例	2000（平成12）年

議会は、近年では会期を通年とする自治体もみられるようになっているものの、年4回（3月、6月、9月、12月等）の定例会がそれぞれ3〜4週間程度の会期を区切って開催されるほか、必要に応じて臨時会が開催されるというのが一般的である。条例は、これらの会期中に制定される。

条例案の提案を受けた議会は、本会議（議員全員による会議）において常任委員会（議員が分野別に分かれて行う会議）に同案の審議を付託する。この常任委員会が議会における条例案の実質的な審議を担い、委員会による本会議への報告を受けて、会期末までに行われる本会議で最終的な採決が行われる。

常任委員会において議会における実質的な議論がされるといっても、基本的には賛否の態度を決めるための議論であって、条例案自体が大幅な修正を受けることは稀である。多くの条例案は、その立案段階における議論が重要である。

大部分を占める首長提案の条例立案過程を例にとると（表1-6参照）、原案の作成にあたる担当部署（原課）による立法事実（条例の目的と手段を基礎づける社会的な事実）の収集・整理から始まり、行政内部の関係部署との調整、検討会や審議会等を通じた有識者意見の聴取、パブリックコメントや住民説明会等による住民意見の反映、他の自治体との調整、検察庁協議（罰則規定を創設する場合）、議会各会派への説明等、数々の手順を踏んで原案が作成される。時間的にみれば、法律等の改正にともなう事務的で形式的な条例改正等は、ほとんど内部手続のみで短期（数カ月程度）で立案できるものもある。しかし、住民生活や事業活動等に密接に関わり、住民等を巻き込んだ政策的な条例の場合には、数年間の検討期間を要するものもある。

なお、通常は条例本文に細則については首長が定める規則に委任する規定を設けることが行われ、条例の制定とともに規則を制定する。規則は議会の議決が不要で、首長が年間を通していつでも制定できるが、内部手続としての法制上の確認のほか、効力を生ずるには条例と同様に公報への登載による公布が必要である。したがって、立案から施行までは一定の時間を要する。

〔竹内　潔〕

2 地方自治体が定める条例

表1-6 一般的な条例の制定スケジュール（イメージ）

	立法事実	条例案	庁内調整	県民参加手続	市町村等との調整	条例審査・検察庁協議
4月	基礎調査			アンケート等		
5月	基礎調査			アンケート等		
6月		条例チャート案の作成			事務レベルの調整	
7月		条例チャート案の作成			事務レベルの調整	
8月		条例骨子案の作成	政策法務委員会		事務レベルの調整	
9月		条例骨子案の作成	政策法務委員会		事務レベルの調整	
10月	説明資料の作成	条例要綱案の作成	庁内プロジェクト	パブコメその他の手続		
11月	説明資料の作成	条例要綱案の作成	庁内プロジェクト	パブコメその他の手続		
12月	説明資料の作成	条例要綱案の作成	出先機関ワーキンググループ	パブコメその他の手続	説明会その他の手続	
翌1月	説明資料の作成	条例素案の作成	出先機関ワーキンググループ	パブコメその他の手続	説明会その他の手続	
翌2月	説明資料の作成	条例素案の作成	出先機関ワーキンググループ	パブコメその他の手続	説明会その他の手続	検察庁（事前）
翌3月	説明資料の作成	条例素案の作成	出先機関ワーキンググループ	パブコメその他の手続	説明会その他の手続	条例審査
翌4月		条例案の作成				条例審査
翌5月		条例案の作成				検察庁（最終）
翌6月	議会に条例案の提出					

出典：山本博史「30　条例制定過程の現状と課題――すぐれた条例を創出する条例制定過程とは」北村喜宣・山口道昭・出石稔・礒崎初仁著『自治体政策法務――地域特性に適合した法環境の創造』2011、有斐閣、418頁

② 地球温暖化対策条例の制度と運用

Q. 北海道に単身赴任したBさんは、寒冷地での移動にはどうしても自動車に頼らざるを得なくなり、赴任先での通勤や外出に使う自動車を選びに自動車ディーラーを訪れた。ディーラーの店員の説明を聞いていると、燃費だけでなく二酸化炭素排出量やカーエアコンの冷媒の種類など温暖化対策についての専門的な内容も含まれていた。

最近では、北海道でも夏の気温は30度に達する日が増えてきているようで、冷房を使うこともかなりあるのではと思う。しかし、赴任前に自宅のほうで自動車を買った時には、同じ系列のディーラーでもこんな説明はなかったように記憶している。自動車は日本全国どこでも同じものが売られているはずなのに、説明が微妙に違うのはどうしてなのだろうか。

A. Bさんはこまかい点によく気が付いた。自動車ディーラーの説明が微妙に異なっているのは、その販売店が位置している自治体（都道府県や市区町村、第1章を参照）が制定している条例の内容が影響しているからである。

北海道の場合、地球温暖化対策の観点から、新車を取り扱う販売店は、通常よくみられる燃料効率（燃料1リットルあたりの走行距離）だけでなく、地球温暖化の原因となる二酸化炭素（CO_2）排出量やエアコンの冷媒の種類や使用量、リサイクルに関する情報を説明する義務が課せられている。このような条例は複数の都道府県で定められており、それぞれの内容は、条例の制定時期や考え方を反映して、微妙に異なっている。

● 第 2 章　地球温暖化対策条例の制度と運用

1　自治体がリードする事例の多い温暖化防止分野

　日本における環境政策の歴史を振り返ると、自治体が地域の課題に対応するために、公害防止協定や環境基本条例、環境基本計画等を国に先駆けて取り入れてきた例は多くみられる。さらに、先行する自治体がある制度を導入した時点では、国が導入していなかったり、あるいは全国に広まっていなかったりした制度が、先行自治体に追随する複数の自治体、特に大都市や都道府県に波及していくなかで、最終的には法制度化されたり、実質的に全国で取り組まれるようになるケースも非常に多い。

　地球温暖化（気候変動）防止対策についても、その例外ではない。2000年代に入ってから、大規模事業者に対する地球温暖化対策計画書制度や建築物環境配慮制度、家電の省エネラベリング、個別事業所ではなくフランチャイズチェーン単位での計画書提出規制など、地域独自の取組みが全国展開されたり、国が後追い的に導入したりする制度は多いのが特徴である。このように、地球温暖化防止対策は、比較的大量の温室効果ガスを排出する事業者に対して、計画書制度を通じて排出抑制策をとるよう誘導する一方で、比較的少量のガスを排出する家計や小規模商店に対しては、情報提供や啓発などを通じた排出抑制策の定着をめざすことが中心となっている。

　地球温暖化防止対策に特化した全国初の条例は、COP3（地球温暖化防止京都会議）の開催地である京都市において 2005（平成17）年4月に施行された「京都市地球温暖化対策条例」である。同条例では、当面の目標として、「平成22（2010）年までに市内の温室効果ガス排出量を平成2（1990）年から 10% 削減する」ことを規定していたが、その後の条例改正により「平成32（2020）年までに平成2（1990）年比で 25% 削減する」という目標へ延長・上乗せされている。

　今後、地球温暖化の影響とみられる台風や豪雨等の深刻化にともない、地球温暖化防止と影響への対策の両面を含む条例の制定が徐々に増加すると予想される。また、省エネルギーや再生可能エネルギーの推進と親和性が高い政策であることから、規制対象となる事業者も、受け身的な対応ではなく、できるだけビジネスチャンスやコスト削減の機会として積極的に対応することが期待される。

2 温暖化防止に関する法律と条例

　自治体における温暖化対策条例は、1997（平成 9）年 12 月に京都議定書が採択されたことを受け、1998（平成 10）年に地球温暖化対策推進法（以下「温対法」という）が制定されたことの影響を受けている。しかし、当初の温対法は、事業者の取組みについて、「第 9 条　事業者は、その事業活動に関し、基本方針の定めるところに留意しつつ、単独に又は共同して、温室効果ガスの排出の抑制等のための措置に関する計画を作成し、これを公表するように努めなければならない」という努力規定にとどまっており、対策の実効性を上げることが課題になっていた。

　そこで、2000（平成 12）年に東京都が「都民の健康と安全を確保する環境に関する条例」を改正し、一定量以上の燃料を使用して温室効果ガスを排出する事業者（大規模事業者）に対し、その排出量や実施予定の対策に関する計画書の提出を義務づけた。この義務づけが都道府県・政令指定市を中心に全国へ波

表 2-1　地球温暖化防止対策の主な項目

対策項目	法律の規定状況	自治体条例での対応状況
①大規模排出事業者の温室効果ガス排出量の報告制度	大規模事業者の報告義務、事業者ごと集計結果公表、個別事業所データ開示請求（温対法 21 条）。事業者の排出抑制計画策定やその公表努力（22 条）等。	排出量の報告に加え、事業者に例えば今後 3 年間の排出抑制策を計画書として提出させる。また、抑制策実施状況を報告書として提出義務づけ、公表。
②大規模な建築行為（新築、増改築）の環境配慮	規定なし。	排出抑制策を計画書として提出させ、環境配慮度を点数化するツールの提供、公表。
③自動車管理（アイドリングストップ等）	規定なし。	自動車台数等の届出や自動車通勤からの排出抑制策を計画書として提出を義務づけ。また、新車販売を行う事業者に対して、消費者への説明義務等。
④家電の省エネラベリング	法規定ではなく、呼びかけとして全国的に実施。	家電販売事業者に対して、ラベリングを用いた情報提供を義務づけ。
⑤再生可能エネルギーの推進	電気事業者による再生可能エネルギー電気の調達に関する特別措置法等で規定。詳細は第 7 章を参照。	電気事業者に対して、再生可能エネルギーの供給拡大目標、方針や対策を含む計画書の提出義務づけ。計画書に基づく対策の実施状況報告の提出義務づけ。

● 第2章　地球温暖化対策条例の制度と運用

及して、最終的に2005（平成17）年、温対法改正によって、国全体での温室効果ガス排出量報告・公表制度につながっていった。

　現時点で、地球温暖化防止対策の主な項目について、法の規定と自治体条例における対応の関係は、**表2-1**のようになっている。概して、国の法規定は最低限の内容にとどまっており、自治体条例での対応の余地が大きくなっていることがわかる。

　なお、**表2-1**の自治体条例での対応は、すべての条例が対応しているという意味ではなく、いくつかの条例が規定している代表例を示している。どの都道府県がどのような内容を規定しているかについては、次項を参照されたい。

3　温暖化対策条例の全国的な動向と特徴

　地球温暖化対策に関連する条例は、地球温暖化対策に特化したタイプと公害防止等の項目と統合された生活環境条例タイプの2通りが考えられる。本章では、基本的に両方のタイプを扱う。執筆時点（2014年8月）において、全国の

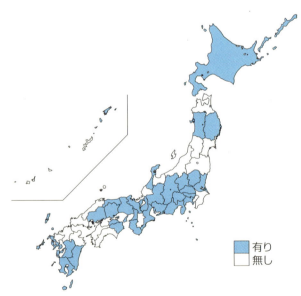

図2-1　地球温暖化対策関連条例の制定状況

3 温暖化対策条例の全国的な動向と特徴

都道府県で施行されている30条例をとりあげる（図2-1および表2-2参照）。なお、都道府県のほかにも、政令指定都市や市町村で条例を制定している事例もみられるが、本章では各都道府県条例を中心に規制の対象や内容の違いについて解説する。

30条例の分布をみると、北海道・東北、関東といった地方別に全国で偏り

表2-2 地球温暖化対策に関連した条例の一覧

地方	自治体名	条例名	制定（改正）年度
北海道・東北地方(3)	北海道	地球温暖化防止対策条例	2013（平成25）年度（改正）
	岩手県	県民の健康で快適な生活を確保するための環境の保全に関する条例	2010（平成22）年度（改正）
	秋田県	地球温暖化対策推進条例	2011（平成23）年度
関東地方(6)	茨城県	地球環境保全行動条例	2007（平成19）年度（改正）
	栃木県	生活環境の保全等に関する条例	2004（平成16）年度
	群馬県	地球温暖化防止条例	2009（平成21）年度
	埼玉県	地球温暖化対策推進条例	2010（平成22）年度（改正）
	東京都	都民の健康と安全を確保する環境に関する条例	2010（平成22）年度
	神奈川県	地球温暖化対策推進条例	2011（平成23）年度（改正）
北陸・甲信越地方(3)	石川県	ふるさと石川の環境を守り育てる条例	2004（平成16）年度
	山梨県	地球温暖化対策条例	2008（平成20）年度
	長野県	地球温暖化対策条例	2012（平成24）年度
東海地方(4)	岐阜県	地球温暖化防止基本条例	2009（平成21）年度
	静岡県	地球温暖化防止条例	2007（平成19）年度
	愛知県	県民の生活環境の保全等に関する条例	2011（平成23）年度（改正）
	三重県	地球温暖化対策推進条例	2013（平成25）年度
近畿地方(5)	滋賀県	低炭素社会づくりの推進に関する条例	2010（平成22）年度
	京都府	地球温暖化対策条例	2010（平成22）年度（改正）
	大阪府	温暖化の防止等に関する条例	2013（平成25）年度（改正）
	兵庫県	環境の保全と創造に関する条例	2013（平成25）年度（改正）
	和歌山県	地球温暖化対策条例	2007（平成19）年度
中国地方(3)	鳥取県	地球温暖化対策防止条例	2013（平成25）年度
	岡山県	環境への負荷の低減に関する条例	2009（平成21）年度（改正）
	広島県	生活環境の保全等に関する条例	2011（平成23）年度（改正）
四国地方(2)	徳島県	地球温暖化対策推進条例	2008（平成20）年度
	香川県	生活環境の保全に関する条例	2011（平成23）年度（改正）
九州・沖縄地方(4)	長崎県	未来につながる環境を守り育てる条例	2007（平成19）年度
	熊本県	地球温暖化の防止に関する条例	2009（平成21）年度
	宮崎県	県民の住みよい環境の保全等に関する条例	2011（平成23）年度（改正）
	鹿児島県	地球温暖化対策推進条例	2009（平成21）年度

● 第 2 章　地球温暖化対策条例の制度と運用

なく制定されており、関東では 6 都県、近畿では 5 府県が、地球温暖化対策関連条例を有している。また、30 条例のうち地域温暖化対策に特化した条例は 20 団体で、生活環境条例に統合している条例タイプは 10 団体で制定されている。

　地球温暖化対策に特化したタイプの条例の構成は、まず条例の目的と用語の定義が示され、都道府県、事業者、県民等の役割や責務が規定される。さらに、大規模な事業者へ義務づけされる内容が追加される。

　条例の特徴は、温暖化対策計画書や建築物の環境配慮計画書の提出を事業者等に対して義務づける場合の判断基準が異なることや、事業者等において計画書が文字通り「計画倒れ」にとどまってしまわないよう、計画書に掲げられた対策の実効性が確保されるような支援体制をどのように設計するか等の点で、異なっている。これらの特徴について、順に解説する。例えば、事業者への支援体制については、都道府県によって、職員による立ち入り検査や削減量の義務づけ（排出量取引）という事業者には実質的に「ムチ」のように機能する制度もあれば、逆に、各種対策に取り組むための融資の金利優遇措置や技術的な助言など「アメ」のように活用できる制度もみられる。

(1)　温暖化対策の基本となる対策計画書制度

　温暖化対策計画書の提出が義務づけられる事業者の規模としては、省エネ法（エネルギーの使用の合理化に関する法律）などで規制対象とされてきた、年間エネルギー消費量が企業（コンビニや自動販売機などはフランチャイズチェーン）全体で原油換算 1,500 キロリットルを超える事業者を規定する場合がほとんどとなっている。例外的に、茨城県や栃木県では電気使用量による基準、埼玉県では小売店の延床面積による基準が設定されている。また、エネルギー消費以外の原因で温室効果ガスを排出する事業者を想定した温対法の過去の規定を引継ぎ、二酸化炭素換算で年間 3,000 トン以上の温室効果ガス排出事業者、それに加えて従業員数が 21 人以上の条件が付されている条例も複数残っている（表 2-3 参照）。

　温暖化対策計画書の内容は、都道府県で多少の差異があるものの、基本的には、温室効果ガスの排出状況や期限付の排出削減目標、排出を削減するための

3 温暖化対策条例の全国的な動向と特徴

表2-3 対策計画書提出義務づけの対象となる大規模排出事業者

都道府県	燃料等使用量による基準	従業員数および二酸化炭素換算排出量による基準
北海道	年間1,500kl以上（原油換算）	従業員21人以上かつ年間3,000トン以上
岩手県	年間1,500kl以上（原油換算）	―
秋田県	年間1,500kl以上（原油換算）	
茨城県	年間1,500kl以上（原油換算） 電気使用量600万kW時以上	―
栃木県	年間1,500kl以上（原油換算） 電気使用量600万kW時以上	―
群馬県	年間1,500kl以上（原油換算）	従業員21人以上かつ年間3,000トン以上
埼玉県	年間1,500kl以上（原油換算）、 10,000㎡以上の小売店舗	―
東京都	年間1,500kl以上（原油換算）	
神奈川県	年間1,500kl以上（原油換算）	
石川県	年間1,500kl以上（原油換算）	
山梨県	年間1,500kl以上（原油換算）	―
長野県	年間1,500kl以上（原油換算）	（従業員基準なし）年間3,000トン以上
岐阜県	年間1,500kl以上（原油換算）	従業員21人以上かつ年間3,000トン以上
静岡県	年間1,500kl以上（原油換算）	従業員21人以上かつ年間3,000トン以上
愛知県	年間1,500kl以上（原油換算）	―
三重県	年間1,500kl以上（原油換算）	―
滋賀県	年間1,500kl以上（原油換算）	従業員21人以上かつ年間3,000トン以上
京都府	年間1,500kl以上（原油換算）	（従業員基準なし）年間3,000トン以上
大阪府	年間1,500kl以上（原油換算）	―
兵庫県	年間1,500kl以上（原油換算）	
和歌山県	年間1,500kl以上（原油換算）	
鳥取県	年間1,500kl以上（原油換算）	―
岡山県	年間1,500kl以上（原油換算）	従業員21人以上かつ年間3,000トン以上
広島県	年間1,500kl以上（原油換算）	
徳島県	年間1,500kl以上（原油換算）	―
香川県	年間1,500kl以上（原油換算）	―
長崎県	年間1,500kl以上（原油換算）	
熊本県	年間1,500kl以上（原油換算）	
宮崎県	年間1,500kl以上（原油換算）	従業員21人以上かつ年間3,000トン以上
鹿児島県	年間1,500kl以上（原油換算）	―

注：自動車等登録台数による基準は表2-4を参照。

● 第2章　地球温暖化対策条例の制度と運用

表2-4　事業者に対する自動車関連規制

都道府県	自動車等登録台数による管理計画書提出義務づけ基準	自動車通勤環境配慮計画制度の有無	アイドリングストップ条項の有無
北海道	トラック200、バス200、タクシー350台以上	ー	○
岩手県	自動車40台以上	ー	○
秋田県	トラック200、バス200、タクシー350台以上	ー	タイヤ空気圧の点検、急発進の抑制のみ
茨城県	規定なし	ー	ー
栃木県	規定なし	ー	○
群馬県	トラック100、バス100、タクシー100、または3車種計100台以上	○	○
埼玉県	自動車30台以上	○	エコドライブと表記
東京都	自動車30台以上	ー	ー
神奈川県	自動車100台以上	ー	エコドライブと表記
石川県	規定なし	ー	ー
山梨県	トラック30、バス40、タクシー20台以上	ー	ー
長野県	自動車200台以上	ー	○
岐阜県	トラック100、バス100、タクシー150台以上	○	○
静岡県	トラック100、バス100、タクシー150台以上	○	○生活環境の保全等に関する条例で規定
愛知県	規定なし	ー	○
三重県	規定なし	ー	○生活環境の保全に関する条例で規定
滋賀県	事業用100台以上	ー	○
京都府	トラック100、バス100、タクシー150、鉄道150台以上	○	○
大阪府	自動車100台以上	ー	ー
兵庫県	トラック100、バス100、タクシー175台以上	ー	○
和歌山県	規定なし	ー	○
鳥取県	トラック200、バス200、タクシー350台以上	ー	○
岡山県	トラック100、バス100、タクシー250台、自家用貨物自動車100台以上	ー	○
広島県	規定なし	ー	○
徳島県	トラック100、バス100、タクシー150、自家用貨物自動車100台以上	ー	○生活環境保全条例で規定
香川県	鉄道50両以上	ー	○
長崎県	規定なし	ー	○
熊本県	トラック100、バス100、タクシー150台以上	○	○
宮崎県	トラック35、バス35、タクシー70台以上。または、（トラック＋バス＋タクシー×0.5）が35台以上	ー	○
鹿児島県	トラック100、バス100、タクシー230台、定期航路の船舶10,000総トン以上	ー	ー

取組（措置）計画、その実施状況が中心である。これらの計画書は、原則として都道府県庁やウェブサイトで公表され、ウェブサイトでは地域や業種、報告書の提出年度などで検索が可能になっている場合もある。

なお、一連の計画書や報告書を公表することで、競争上または事業運営上の地位が損なわれたり、保安上重大な影響を与える場合は、県に対して非公表とすることの請求が可能な条例が複数制定されている（埼玉県、東京都等）。

(2) 自動車使用にともなう温暖化対策規制

経済活動にともない大量に自動車を使用する事業者への規制として、都道府県の条例では次の3通りの制度が設定されている。第1に、前述した地球温暖化対策計画書の提出義務づけの基準として、トラックやバス、タクシーの台数が一定量以上の場合を設定する条例である。第2に、自動車等の登録台数に応じて、自動車管理計画などの作成を義務づける条例である。第3に、従業員の自動車通勤を想定した環境配慮計画制度を位置づける条例である。

表2-4では、便宜上、第1のタイプと第2のタイプは区別せずに示している。また、駐車時や停車時のアイドリングストップの努力規定は、事業者に限定されずに、個人にも適用される条項であるが、自動車関連規制としてまとめて表2-4に含めている。

一定規模以上の自動車等の登録を基準とする条例の場合、基準台数は数十台から数百台までを規模要件としている。その場合に、トラック、バス、タクシーを区別して基準化している条例と車種を区別せずに基準化している条例があり、このほか、京都府や香川県の鉄道の車両数、鹿児島県の船舶トン数など特徴的な基準を設けている条例もみられる。

(3) 建築物に対する温暖化対策規制

建築物環境配慮に関する計画書制度をみると、条例制定の30団体のうち14条例で規定されている（図2-2参照）。この計画書の提出義務が生じる規模は、2,000 ㎡以上の新築、増築、改築の場合がほとんどであり、唯一東京都のみが5,000 ㎡以上と規定している。計画書の内容は、CASBEEと略される建築環境総合性能評価システム（Comprehensive Analysis System for Built Environment

● 第2章　地球温暖化対策条例の制度と運用

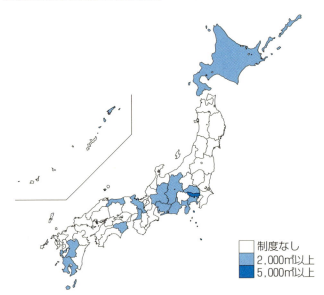

図2-2　地球温暖化防止条例にもとづく建築物環境配慮制度の対象規模

Efficiency）にもとづいて環境性能を定量化する必要がある条例（8府県）と、これを採用せずに独自の様式を設けている場合（6都県）がある（表2-5参照）。

　建築物環境配慮計画書の内容は、建築主等の住所・氏名、建築物の名称・所在地、建築物の概要（用途、構造、階数、高さ、床面積合計など）、建築物に関する地球温暖化対策の措置、措置の評価などである。県によっては、地球温暖化対策の分類として、建築物の断熱や空調設備の省エネ、再生可能エネルギーの導入などが例示され、記載欄も分かれているケースがある。

　建築物環境配慮制度がCASBEEを採用している条例の場合は、CASBEE-新築（簡易版）に概ね沿った形で県ごとの基準が設定されている。事業者は、CASBEEの項目ごとに記載を進められるよう、CASBEEの制定機関である一般財団法人建築環境・省エネルギー機構（IBEC）が提供しているエクセルファイルを各県へ提出できるようになっている。

(4)　消費者等への情報提供義務

　消費者と接する機会の多い事業者として、自動車や家電の販売店には、新車

3 温暖化対策条例の全国的な動向と特徴

表2-5 建築物環境配慮制度・CASBEE等の導入状況

都道府県	建築物環境配慮制度の対象	CASBEEの採用	関連する主な規定
北海道	2,000㎡以上	なし　独自様式	
岩手県	―	―	
秋田県	―	―	県内産木材の利用
茨城県	―	―	
栃木県	―	―	
群馬県	―	―	
埼玉県	2,000㎡以上	○　金利優遇措置あり	
東京都	5,000㎡以上	なし　独自基準	
神奈川県	2,000㎡以上	○	
石川県	―	―	
山梨県	―	―	
長野県	2,000㎡以上、または300kW以上の冷房設備取替	なし　独自様式	
岐阜県	2,000㎡以上	なし　独自様式	県内産木材の利用
静岡県	2,000㎡以上	○　静岡県の地域特性、諸制度を考慮	
愛知県	2,000㎡以上	○　独自基準盛り込む	
三重県	(県の指針を踏まえる努力規定のみ)	―	
滋賀県	―	―	
京都府	2,000㎡以上	○　CASBEE-新築（簡易版）	府内産木材使用義務
大阪府	2,000㎡以上	○	
兵庫県	―	―	
和歌山県	―	―	
鳥取県	2,000㎡以上	○　独自基準盛り込む	
岡山県	―	―	
広島県	―	―	
徳島県	2,000㎡以上	なし　独自様式	
香川県	―	―	
長崎県	―	―	
熊本県	2,000㎡以上	○　環境配慮建築物マーク表示制度	
宮崎県	―	―	
鹿児島県	2,000㎡以上	なし　独自様式	

表2-6 消費者等への情報提供義務の規定状況

都道府県	自動車販売店への義務づけ	家電販売店への義務づけ	都道府県	自動車販売店への義務づけ	家電販売店への義務づけ
北海道	○	○	三重県	—	—
岩手県	—	—	滋賀県	—	—
秋田県	—	—	京都府	○	○
茨城県	—	—	大阪府	—	—
栃木県	—	—	兵庫県	—	—
群馬県	○	○	和歌山県	—	—
埼玉県	—	○	鳥取県	○	○
東京都	○	○	岡山県	○	—
神奈川県	—	—	広島県	—	—
石川県	○	○	徳島県	○	—
山梨県	—	○	香川県	○	○
長野県	—	○	長崎県	—	—
岐阜県	—	—	熊本県	○	—
静岡県	○	○	宮崎県	—	—
愛知県	—	—	鹿児島県	○	○

や家電の環境情報を表示したり、説明したりする義務が課せられている。条例制定の30団体における取組み状況を表2-6に示す。具体的には、新車販売店に対して、自動車の燃費のほか、二酸化炭素排出量、エアコンの冷媒やリサイクルに関する情報が都道府県ごとに定められている（12都道府県で規定）。本章の冒頭で紹介した北海道の事例は、自動車に関する環境情報提供の義務づけ項目が多い部類に属している。また、家電販売店に対しても、全国的に定められている家電の環境性能を表示し、さらに消費者に対してその内容を説明する義務が課されている場合がある（13都道府県で規定）。

4 温暖化対策条例の先進的な事例

　条例による事業者への温暖化対策をまとめると、事業者が排出する温室効果ガスの量に応じて、大規模排出事業者は地球温暖化対策に関する計画書を作成

4 温暖化対策条例の先進的な事例

表2-7 事業者への指導・助言・改善要求・立入検査規定の状況

都道府県	削減対策への指導・助言	改善要求・立入検査規定	都道府県	削減対策への指導・助言	改善要求・立入検査規定
北海道	○	—	三重県	○	—
岩手県	○	○	滋賀県	—	○
秋田県	○	○	京都府	○	—
茨城県	○	○	大阪府	—	—
栃木県	—	○	兵庫県	○	—
群馬県	—	—	和歌山県	—	—
埼玉県	—	—	鳥取県	—	—
東京都	○	○	岡山県	—	○
神奈川県	○	○	広島県	—	—
石川県	—	—	徳島県	—	—
山梨県	—	—	香川県	—	—
長野県	○	○	長崎県	—	○
岐阜県	○	—	熊本県	○	—
静岡県	—	—	宮崎県	○	○
愛知県	—	—	鹿児島県	○	—

注 削減対策への指導・助言については、ほとんどの条例で罰則が定められていない。また、立入検査を拒んだり、妨げたり、忌避したりした場合は罰金が定められている場合がある（秋田県、栃木県、東京都、岡山県、長崎県、宮崎県）。

し、あるいは、一定規模以上の建築行為をしようとする者は建築物環境配慮計画を作成し、それらの計画にもとづいた取組みを進めていくことになる。これらの計画が明らかに不十分と思われる場合は、都道府県が指導や助言を行なうケースが想定される。実際には、15都道府県の条例で事業者の削減対策に関する指導や助言を可能とする規定が置かれている（**表2-7参照**）。

さらに、事業者が作成する計画が適切かどうかを確認するために、必要に応じて改善要求や立入検査を可能とする規定も12都府県で置かれている。いまのところ、立入検査まで定められていれば、地球温暖化対策として先端を走る条例といえる。これら12都府県の中には、公害行政、つまり生活環境保全条例における立入検査の規定が、温室効果ガスにも準用されている例があり、興味深い。

これらの事業者規制の先進的な例が、東京都が導入している「排出総量規制」である。東京都では、従来の温暖化対策の実効性をさらに向上させ、都内の二酸化炭素排出総量を2020（平成32）年までに2000（平成12）年比で25%削減することを目的として、2008（平成20）年7月に都民の健康と安全を確保する環境に関する条例を改正し、事業所を対象とする温室効果ガス排出総量削減義務と排出量取引制度を導入した。この条例改正にもとづく削減義務は、2010（平成22）年4月から課されている。

この制度は、EU等で導入が進むキャップ・アンド・トレードを日本で初めて実現したもので、オフィスビル等をも対象とする世界初の「都市型キャップ・アンド・トレード制度」と称している。対象事業所は、燃料、熱および電気等のエネルギー使用量が、原油換算で年間1,500キロリットル以上の事業所となっている。対象事業所は、自らの削減対策に加え、排出量取引での削減量の調達により、経済合理的に対策を推進することが期待されている。

削減の基準となる排出量は、2002（平成14）年度から2007（平成19）年度の連続する3か年度の平均であり、既に総量削減実績のある事業所は、より過去にさかのぼった年度で設定することが可能である。第1計画期間となる2010（平成22）年度から2014（平成26）年度までの5年間の削減義務割合は基本的に8%となっているが、地域冷暖房等を多く利用している事業所や工場等については6%に軽減されている。

こうした具体的な削減義務を実施する担保措置として、自らの削減対策で基準削減割合を達成できない場合は、排出量取引制度を用いることとなっている。その手法としては、①大規模事業所間の取引のほか、②都内中小クレジット、③再エネクレジット、④都外クレジットが活用できる。埼玉県でも、この排出量取引の部分のみ共通した制度を設けている。こうした排出量取引を活用したクレジットの売買や関連するコンサルタント業務は、新たなビジネスチャンスとして今後の展開が期待される。

［増原直樹］

3 廃棄物条例の制度と運用

Q. Cさんの会社は、全国に所在する事業所から出される産業廃棄物の処理に頭を悩ませている。同社のある県の事業所では、年間の産業廃棄物の発生量が600tのため、法律上の「多量排出事業者」には適用されない。しかし、同業者からは、県条例による規制があり、知事への提出書類が必要だという話を聞くことがある。
Cさんの会社はどのような対応をしなければならないのだろうか。

A. Cさんの会社の当該事業所は、法律上の「多量排出事業者」にはならないが、同県廃棄物条例にもとづき、年間500t以上の産業廃棄物を排出する事業所に適用される「準多量排出事業者」に該当する。したがって、当該事業所は、準多量排出事業者として、県知事に前年度の実施状況報告書と産業廃棄物減量処理計画を提出しなければならない（45頁参照）。
　産業廃棄物の処理は、国の法令だけを遵守すればよいというわけではない。法律には規定はないものの、事業所がある都道府県によっては、条例により個別の規制が定められている。国の法律による規制にばかり目がいきがちであるが、自治体条例の規制にも対応しなければ、排出者責任を全うしているといえない。

● 第3章　廃棄物条例の制度と運用

1　廃棄物対策の経緯と関係法令の整備

　戦後の高度成長時代から続く大量生産・大量消費社会を前提にした経済発展の結果、生活は豊かになった一方で、希少な資源を大量に消費しながら廃棄物の発生量を増大させてきた。2000（平成12）年に循環型社会形成推進基本法が制定されたことを機に、廃棄物の処理と各種リサイクルに関する法制度が体系化され、「循環型社会」の重要性が少しずつ認識されるようになってきた。近年では、廃棄物の発生量は減少の方向になってきたものの、依然として廃棄物の不適正処理や不法投棄等の問題が後を絶たない。

　廃棄物の処理等に関する法制度に関しては、廃棄物の処理及び清掃に関する法律（本章では、以下「廃棄物処理法」とする）が中心的な役割を担っている。廃棄物処理法は、「廃棄物の排出を抑制し、及び廃棄物の適正な分別、保管、収集、運搬、再生、処分等の処理をし、並びに生活環境を清潔にすることにより、生活環境の保全及び公衆衛生の向上を図る」ことを目的として、1970（昭和45）年に前身の「清掃法」を名称も含めて全面的に改正する形で制定された。

　本章では、地域において廃棄物の処理等に係る問題が深刻であることから、廃棄物処理法を取り上げてこの法律との関係性に注目し、都道府県の条例・規則において上乗せ・横出し規制と位置づけられる事項、国の法令では規定していない独自の施策（県外産業廃棄物の搬入事前協議、産業廃棄物税）を中心に概説する。また、都道府県の役割として、産業廃棄物に対する規制執行権限や許可権限が主になることから、産業廃棄物対策に絞って述べていく。

2　廃棄物処理法と条例との関係

　廃棄物処理法では、騒音規制法に定めているような「地方公共団体が、法律とは別の見地から、条例で必要な規制を定めることを妨げるものではない」という規定は定められていない。また、法令上、廃棄物の処理等に関して、条例の上乗せ・横出しを禁止する規定も明文化されていない。

2　廃棄物処理法と条例との関係

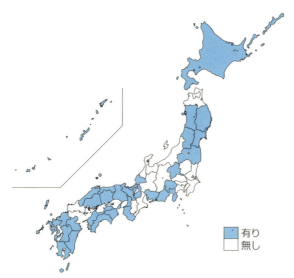

図3-1　廃棄物処理法の施行条例・施行細則の制定状況

(1)　廃棄物の処理及び清掃に関する法律施行細則の制定

　廃棄物処理法の施行に関し、書式や手続等の具体的に必要な事項を「廃棄物の処理及び清掃に関する法律施行細則」として制定し、「施行細則」もしくは「規則」として定めている道府県がある（図3-1参照）。この施行細則は、自治体が定める「規則」と同じ位置づけである。

　また、宮城県や岩手県[1]のように、「廃棄物の処理及び清掃に関する法律施行条例」を定めている場合もある（これらの条例は細則制定後に制定されている）。

　こうした施行細則や施行条例は、あくまでも廃棄物処理法を受けての「法律執行条例（規則）」（13頁参照）という位置づけである。自治体の廃棄物施策の運用を理解する場合には、これらの条例・規則もあわせてみる必要があることに留意されたい。

1　岩手県「廃棄物の処理及び清掃に関する法律施行条例」第2条において、再生利用されることが確実であると知事が認める産業廃棄物（廃棄物処理法第14条第1項ただし書および同条第6項ただし書に規定する専ら再生利用の目的となる産業廃棄物を除く）を収集または運搬を業として行う者（再生輸送業者）、処分を業として行う者（再生活用業者）に対して、法第14条第1項または第6項の許可を要しないものとして知事が行う指定（再生利用個別指定）については、横出し規定といえる。

(2) 都道府県廃棄物処理計画

廃棄物処理法第5条の5では、環境大臣が定める「基本方針」（第5条の2）に即して、「都道府県は、当該都道府県の区域内における廃棄物の減量その他その適正な処理に関する計画（「廃棄物処理計画」）を定めなければならない」としている。計画には、①廃棄物の発生量および処理量の見込み、②廃棄物の減量その他その適正な処理に関する基本的事項、③一般廃棄物の適正な処理を確保するために必要な体制に関する事項、④産業廃棄物の処理施設の整備に関する事項、を定めて公表することが義務づけられている。

廃棄物処理計画について、都道府県では複数年での中長期で計画を策定している事例が多い。例えば、静岡県「ふじのくに廃棄物減量化計画（第2次静岡県循環型社会形成計画）」のように、循環型社会形成計画のなかに包含している事例、山梨県「第2次山梨県廃棄物総合計画」のように、条例で規定する計画に包含している事例、東京都「東京都廃棄物処理計画」のように、都の環境基本計画にもとづく廃棄物分野の計画として位置づけている事例がある。実態としては、自治体の環境政策全体のなかで体系的に位置づけられている。

都道府県の計画書には、施策の概要や豊富なデータもそろっており、ホームページで公開されている。自治体の廃棄物管理施策を理解する上で重要なツールの1つである。

3　都道府県の廃棄物条例の動向と全体的な特徴

(1) 廃棄物関連条例の制定状況

廃棄物関連条例が制定されている自治体は、**表3-1**のとおりである。廃棄物関連条例が制定されていないほとんどの県では、「要綱」を制定している（**表3-2参照**）。廃棄物に関する要綱は、規制的な行政指導を行うにあたってその内容をまとめた「指導要綱」がほとんどである。要綱には法的拘束力がなく、行政指導の根拠になっている側面が強い。なお、千葉県、石川県、香川県等のように、廃棄物関連条例を定めている県でも、要綱を別に定めているところもある。

3 都道府県の廃棄物条例の動向と全体的な特徴

表3-1 廃棄物関連条例を制定している都道府県

自治体	条例名	制定年
北海道	北海道循環型社会形成の推進に関する条例	2008（平成20）年
青森県	青森県県外産業廃棄物の搬入に係る事前協議等に関する条例	2002（平成14）年
岩手県	循環型地域社会の形成に関する条例	2002（平成14）年
岩手県	廃棄物の処理及び清掃に関する法律施行条例	2000（平成12）年
岩手県	県外産業廃棄物の搬入に係る事前協議等に関する条例	2002（平成14）年
宮城県	廃棄物の処理及び清掃に関する法律施行条例	2000（平成12）年
宮城県	産業廃棄物の処理の適正化等に関する条例	2005（平成17）年
秋田県	秋田県県外産業廃棄物の搬入に係る事前協議等に関する条例	2002（平成14）年
山形県	山形県生活環境の保全等に関する条例	1970（昭和45）年
福島県	福島県循環型社会形成に関する条例	2005（平成17）年
福島県	福島県産業廃棄物等の処理の適正化に関する条例	2003（平成15）年
茨城県	茨城県廃棄物の処理の適正化に関する条例	2007（平成19）年
群馬県	群馬県の生活環境を保全する条例	2000（平成12）年
埼玉県	埼玉県生活環境保全条例	2001（平成13）年
千葉県	千葉県廃棄物の処理の適正化等に関する条例	2002（平成14）年
東京都	東京都廃棄物条例	1992（平成4）年
神奈川県	神奈川県廃棄物の不適正処理の防止等に関する条例	2006（平成18）年
新潟県	産業廃棄物等の適正な処理の促進に関する条例	2004（平成16）年
石川県	ふるさと石川の環境を守り育てる条例	2004（平成16）年
山梨県	山梨県生活環境の保全に関する条例	1975（昭和50）年
長野県	廃棄物の適正な処理の確保に関する条例	2008（平成20）年
岐阜県	岐阜県廃棄物の適正処理等に関する条例	1999（平成11）年
静岡県	静岡県産業廃棄物の適正な処理に関する条例	2007（平成19）年
愛知県	廃棄物の適正な処理の促進に関する条例	2003（平成15）年
三重県	三重県産業廃棄物の適正な処理の推進に関する条例	2008（平成20）年
京都府	京都府産業廃棄物の不適正な処理を防止する条例	2002（平成14）年
大阪府	大阪府循環型社会形成推進条例	2003（平成15）年
兵庫県	環境の保全と創造に関する条例	1995（平成7）年
兵庫県	産業廃棄物等の不適正な処理の防止に関する条例	2003（平成15）年
兵庫県	ポリ塩化ビフエニール（PCB）等の取扱いの規制に関する条例	1973（昭和48）年
奈良県	奈良県生活環境保全条例	1996（平成8）年
和歌山県	和歌山県産業廃棄物の保管及び土砂等の埋立て等の不適正処理防止に関する条例	2008（平成20）年
鳥取県	鳥取県使用済タイヤの適正な保管の確保に関する条例	2001（平成13）年
岡山県	岡山県循環型社会形成推進条例	2001（平成13）年

● 第3章　廃棄物条例の制度と運用

広島県	広島県生活環境の保全等に関する条例	2003（平成15）年
山口県	山口県循環型社会形成推進条例	2004（平成16）年
徳島県	徳島県生活環境保全条例	2005（平成17）年
香川県	香川県における県外産業廃棄物の取扱いに関する条例	2001（平成13）年
福岡県	福岡県産業廃棄物の不適正処理の防止に関する条例	2002（平成14）年
熊本県	熊本県生活環境の保全等に関する条例	1969（昭和44）年
大分県	大分県産業廃棄物の適正な処理に関する条例	2005（平成17）年
鹿児島県	鹿児島県県外産業廃棄物及び県外汚染土壌の搬入の許可に関する条例	2010（平成22）年

表3-2　廃棄物関連条例がなく要綱のみで規制を実施している県

自治体	要綱名	制定年
栃木県	栃木県県外産業廃棄物の最終処分に関する指導要綱	1992（平成4）年
富山県	富山県産業廃棄物適正処理指導要綱	1995（平成7）年
福井県	福井県産業廃棄物等適正処理指導要綱	1996（平成8）年
滋賀県	滋賀県産業廃棄物の適正処理の推進に関する要綱	2009（平成21）年
島根県	島根県産業廃棄物の処理に関する指導要綱	1993（平成5）年
愛媛県	愛媛県産業廃棄物適正処理指導要綱	1991（平成3）年
高知県	高知県産業廃棄物処理指導要綱	1991（平成3）年
佐賀県	佐賀県産業廃棄物適正処理指導要綱	1992（平成4）年
長崎県	長崎県産業廃棄物適正処理指導要綱	1993（平成5）年
宮崎県	宮崎県県外産業廃棄物の県内搬入処理に関する指導要綱	1992（平成4）年

※要綱については一部、制定と施行日が一致しているものがある。

　条例を制定している都道府県の特徴をみていくと、大きく5つに分けられる。
　第1に、茨城県、神奈川県、京都府等のように、「廃棄物処理の適正化」や「廃棄物の不適正な処理の防止」という名称で廃棄物に限って規制を実施している「廃棄物特化型条例」である。
　第2に、埼玉県、山梨県、熊本県等のように、公害防止を包含した「生活環境の保全」という名称の条例で、公害防止関連施策とともに廃棄物規制を実施している「生活環境保全型条例」である。
　第3に、北海道、岩手県、大阪府、山口県のように、「循環型社会」という括りで制定している「循環型社会包含型条例」もある。ただし、福島県の「福島県循環型社会形成に関する条例」や兵庫県の「環境の保全と創造に関する条

例」は基本理念条例であり、これとは別に「福島県産業廃棄物等の処理の適正化に関する条例」や、「産業廃棄物等の不適正な処理の防止に関する条例（兵庫県）」をそれぞれ個別に実質的な規制条例として定めている事例もある。

第4に、使用済タイヤ、ポリ塩化ビフェニール（PCB）等といった特定した対象のみを規制する「特定物規制型条例」を定めている自治体がある。

第5に、県外から搬入される産業廃棄物[2]や産業廃棄物税に関する条例を独自に定めている「独自施策型条例」がある。

(2) 条例等による主な規制内容

都道府県のなかには、条例等で独自の規制を課している事例がある。本項では、個別の規制内容ごとに代表的な事例をみていく。

① 法律が定める産業廃棄物以外の特定物への規制

図3-2に示すように、廃棄物は、廃棄物処理法第2条で一般廃棄物と産業廃棄物に区分され、さらに特別に管理を要する廃棄物として特別管理一般廃棄物と特別管理産業廃棄物に分けられる。産業廃棄物は、20種類が定められている（図3-2注2参照）。

都道府県のなかには、産業廃棄物20種類以外のものを条例で独自に「特定物」等と明示し、規制している自治体がある（表3-3・図3-3参照）。対象を拡大しているという見地にたてば、いわば横出し規制である。

また、ポリ塩化ビフェニール（PCB）に対して規制を実施している自治体もある。三重県では、「三重県産業廃棄物の適正な処理の推進に関する条例」（第22条）で保管中のポリ塩化ビフェニール廃棄物の紛失または事故の再発防止のために必要な措置を講ずるとともに、規則で定めるところにより知事への届出が義務づけられている。届出をせず、または虚偽の届出をした者は、20万円以下の罰金が科される。

兵庫県では、「ポリ塩化ビフェニール（PCB）等の取扱いの規制に関する条例」を制定し、ポリ塩化ビフェニールおよびポリ塩化ビフェニールを含有する

---

[2] ただし、県外から搬入される産業廃棄物に関しては、長野県等のように、要綱で定めているところもある。

● 第 3 章　廃棄物条例の制度と運用

図 3-2　廃棄物の区分

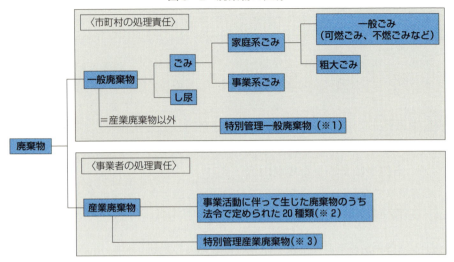

注 1：一般廃棄物のうち、爆発性、毒性、感染性その他の人の健康又は生活環境に係る被害を生ずるおそれのあるもの
　 2：燃えがら、汚泥、廃油、廃酸、廃アルカリ、廃プラスチック類、紙くず、木くず、繊維くず、動植物性残さ、動物系固形不要物、ゴムくず、金属くず、ガラスくず、コンクリートくず及び陶磁器くず、鉱さい、がれき類、動物のふん尿、動物の死体、ばいじん、輸入された廃棄物、上記の産業廃棄物を処分するために処理したもの
　 3：産業廃棄物のうち、爆発性、毒性、感染性その他の人の健康又は生活環境に係る被害を生ずるおそれがあるもの
出典：環境省資料

廃棄物、その他の物で知事が指定するものを使用し、または保有している者は、指定のあった日から 30 日以内に知事に届け出なければならないと定めている。管理基準も定められており、立入検査も執行できるようになっている。

　このほか、硫酸ピッチについては、硫酸ピッチの生成および保管の禁止を内容とする条例が千葉県「千葉県硫酸ピッチの生成の禁止に関する条例」と京都府「京都府民の生活環境等を守るための硫酸ピッチの規制に関する緊急措置条例」で制定されている。

②　廃棄物保管に関する届出制度

　廃棄物処理法第 12 条第 3 項および第 12 条の 2 第 3 項において、排出事業者は、建設工事にともない生じる産業廃棄物（特別管理産業廃棄物を含む）を、排

3　都道府県の廃棄物条例の動向と全体的な特徴

表3-3　廃棄物関連条例による「特定物」等の規制内容

自治体	カテゴリー	対象品	規制内容	根拠条例
山形県	特定保管物	廃タイヤ及び中古の自動車用タイヤ等	2,000本を超えて一の敷地内の屋外で保管する者（特定保管物保管者）に対しては、保管基準が定められている。	山形県生活環境の保全等に関する条例
福島県	―	使用済タイヤ	使用済タイヤを屋外で、かつ、500本を超えて保管しようとする者に対しては、知事への届出を義務づけ、使用済タイヤの保管基準が定められている。	福島県産業廃棄物の処理の適正化に関する条例
新潟県	特定物	使用済タイヤ 木くずチップ	一団の土地における屋外での特定物の保管であって、当該特定物の保管の用に供する部分の面積が100平方メートル以上又は使用済タイヤにあっては500本、木くずチップにあっては20トン以上である保管（特定物多量保管）をしようとする者は、「特定物保管基準」を遵守。	産業廃棄物等の適正な処理の促進に関する条例
長野県	―	木くず	建設工事に伴い生じた木くずの保管期間は90日を超えてはならない（一定の場合は除く）	廃棄物の適正な処理の確保に関する条例
	―	木くずチップ	「木くずチップ」とは、木くずを切断し、破砕し、又は粉砕したもので廃棄物以外のもの）を保管する者は、180日を保管してはならない。保管基準や使用基準が定められている。	廃棄物の適正な処理の確保に関する条例
岐阜県	特定保管物	使用済ゴムタイヤ	多量に保管することにより生活環境の保全上支障が生じ、又は生ずるおそれがある物（使用され、その後利用されないまま保管されているゴムタイヤ）を屋外において保管しようとする者は、特定保管物の保管の場所ごとに、規則で定めるところにより、あらかじめ知事に届け出なければならない。（一定の場合を除く）	岐阜県廃棄物の適正処理等に関する条例
愛知県	特定産業廃棄物	①工作物の新築、改築又は除去に伴って生じた産業廃棄物（ポリ塩化ビフェニール廃棄物の適正な処理の推進に関する特別措置法第2条第1項に規定するポリ塩化ビフェニール廃棄物であるものを除く）②廃タイヤ	特定産業廃棄物を屋外において保管しようとする者は、規則で定めるところにより、知事に届け出なければならない。	廃棄物の適正な処理の促進に関する条例
三重県	指定特別管理産業廃棄物	廃棄物の処理及び清掃に関する法律施行令第2条の4第5号に規定する特定有害産業廃棄物のうち廃石綿等を除くもの及び第6号から第11号までに定める産業廃棄物	県内への搬入に係る届出等の規制を行っている。	三重県産業廃棄物の適正な処理の推進に関する条例
兵庫県	特定物	①使用済自動車 ②使用済の自動車用タイヤ ③使用済特定家庭用機器で廃棄物処理法第2条第1項に規定する廃棄物に該当しないもの	特定物に対する保管基準が定められている。また、多量保管（面積が100平方メートル以上の土地における特定物の保管又は使用済自動車にあっては20台、使用済の自動車用タイヤにあっては100本、使用済特定家庭用機器にあっては100台を下回らない範囲内での保管）については、知事に届け出なければならない。	産業廃棄物等の適正な処理の防止に関する条例
鳥取県		使用済タイヤ	100本を超える使用済タイヤを屋外で集積して保管する者を「特定保管者」として定義し、特定保管者に対して、保管場所に関する必要事項の知事への届出を義務づけている。	鳥取県使用済タイヤの適正な保管の確保に関する条例

● 第3章　廃棄物条例の制度と運用

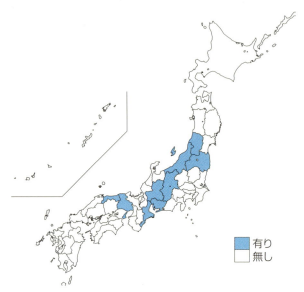

図3-3　法律が定める産業廃棄物以外の特定物等への規制の実施状況

出した事業場の外において自ら保管（保管の用に供される場所の面積が300㎡以上の場所で行うものに限る）する場合には、あらかじめ都道府県知事に届け出なければならない[3]としている。

　この規定に対し、都道府県によっては、保管する基準面積等について、法の基準を超える上乗せ規制・裾出し規制（おおよそ100㎡～200㎡前後が基準）を適用する場合や、建設工事にともない生じる産業廃棄物以外にもその対象を広げている横出し規制（産業廃棄物全体、特定物の指定、一般廃棄物、共同住宅等）を設けている道府県がある。

　神奈川県や大阪府のように、法にもとづく届出内容と条例の届出内容が違うため、両方の届出を行わなければならない都道府県もある（表3-4参照）。

　これらの届出制度に関して、対象事業者が届出をしない、または虚偽の届出をした場合には、多くの条例では罰金を科している。

3　違反した者には、6月以下の懲役または50万円以下の罰金。

3 都道府県の廃棄物条例の動向と全体的な特徴

表3-4 廃棄物保管に関する届出制度

自治体	規制内容
北海道	「事業活動にともなって生じた産業廃棄物」を当該産業廃棄物の生じた場所以外の場所において自ら保管しようとするときは、保管の場所ごとに、保管の開始の日の14日前までに届出を義務づけ。ただし、保管の場所の面積が300平方メートル未満の場合等の適用除外あり。
神奈川県	建設工事にともなって生じた産業廃棄物を100㎡以上300㎡未満の保管用地に保管する場合と上記以外の産業廃棄物を100㎡以上の保管用地に保管する場合には、法とは別に条例にもとづく産業廃棄物の保管届出を義務づけ。
石川県	自社の事業活動にともない排出する産業廃棄物のうち、工作物の新築、増築、改築もしくは除去にともなって生じた産業廃棄物または当該産業廃棄物の中間処理を行った後の産業廃棄物を保管している事業者または保管しようとする事業者に対し、事前にその保管状況の届出を義務づけ。ただし、保管場所の面積が200㎡未満の場合等の適用除外あり。
京都府	300㎡以上の自社産業廃棄物の保管用地ごとに届出を義務づけ。
大阪府	産業廃棄物を排出した事業場の外において自ら保管を行う敷地等の面積が300㎡以上であり、保管の用に供される場所の面積が300㎡未満を対象に、法とは別に条例にもとづく届出を義務づけ。
和歌山県	自らが排出した産業廃棄物を100㎡以上の土地において保管する場合には、届出を義務づけ。
大分県	事業活動にともない生じた産業廃棄物をその発生現場以外の200㎡以上の土地に自ら保管しようとする場合には、7日前までに届出を義務づけ。

③ 排出事業者による実地確認

　廃棄物処理法第12条第7項および第12条の2第7項において、排出事業者は、産業廃棄物の運搬・処分を他人に委託する場合には、当該産業廃棄物の処理の状況に関する確認を行った上で、最終処分終了までの一連の処理行程における処理が適正に行われるために、必要な措置を講じるように努めなければならないとしている。すなわち、排出事業者による実地確認は努力義務となっている。

　この規定に対し、2014（平成26）年7月時点において、条例により実地確認を義務づけているのは、12道県である。条例で「確認しなければならない」とのみ定めているだけの道県もある一方で、実地確認の実施の時期と回数、実地確認の対象を処分事業者の処理能力や施設の保管状況、処分の状況等と具体的に列挙している道県もある。また、これを要綱で制度化しているのは5県である（表3-5・図3-4参照）。

● 第3章　廃棄物条例の制度と運用

表3-5　条例等で実地確認を義務づけている都道府県

条例で義務化	北海道、岩手県、宮城県、新潟県、長野県、岐阜県、静岡県、愛知県、三重県、広島県、山口県、熊本県
要綱で制度化	福島県、茨城県、岡山県、香川県、長崎県

図3-4　条例による実地確認の義務化の制定状況

(a)　実地確認の頻度

毎年1回以上等と一定の実施時期と回数を定めているのは、北海道、岩手県、宮城県、静岡県、三重県の5道県である。

その一方で、時期や回数などの具体的な間隔を明確にせずに「定期的に」と定めている事例や、「確認しなければならない」とのみ定めている事例もある。

(b)　実地以外の確認方法

多くの道県では「実地で」という表現で、排出事業者が現地に出向いて確認することを求めている。しかし、現実的な対応を考慮する観点から、排出事業者自らの責任において、実地に調査した者からの聴取をもって、実地確認として認めている事例がある。これは「代理聴取確認」ともいえよう。また、北海

道は代理人でも可としており、新潟県は「電話その他の通信手段を用いて調査すること」を認めている。

(c) 確認対象

多くの道県では、実地確認の対象を処分事業者の処理能力、施設の保管状況、処分の状況等と具体的に列挙している。さらに、埋立処分場の場合には残余能力も実地確認の対象としている。また、福島県のように許可証の確認を対象としている事例もある。

(d) 実地確認の記録

記録については、何を記録するべきかを具体的に列挙している事例が多い。また、記録の保管義務は5年と定めている場合が多い。

(e) 罰　則

ほとんどの道県では罰則は定めていない。しかし、宮城県と静岡県では、実地確認の規定を遵守していないと認めるときは、知事による勧告を行うことができ、勧告を受けた者が、正当な理由なく勧告に従わなかったときは、その旨を知事が公表することができる、と規定している。

④　多量排出事業者の指定と義務的事項

廃棄物処理法第12条第9項・10項および第12条の2第10項・11項・12項にもとづき、多量排出事業者処理計画制度が定められている。これは、前年度の産業廃棄物発生量が1,000t以上、または特別管理産業廃棄物の発生量が50t以上の事業場を設置している事業者を「多量排出事業者」として指定し、当該事業場に係る産業廃棄物の減量や処理等に関する計画書および前年度の計画の実施状況報告書を6月30日までに提出することを義務づける制度である。

都道府県のなかには、「多量」の規模要件を法律の基準よりも厳しく定めている団体がある。岩手県、長野県、山梨県[4]では、前年度に500t以上1,000t未満の排出のあった事業者を「準多量排出事業者」と定め、条例で法律と同様の義務を課している。広島県では、法律の基準を上回る「前年度500t以上の排出」を「多量排出事業者」と定めている。これらは、条例による規制対象の拡大であり、広義の上乗せ規制（実態としては「裾出し規制にあたる」）といえる。

4　山梨県条例では、法令と同じ「多量排出事業者」となっている。

● 第3章　廃棄物条例の制度と運用

　埼玉県では、業種別の従業員数や浄水場、工業用水道施設または自家用工業用水道施設など条例・規則で法律の多量排出事業者の対象を広げ、処理計画と実施状況に係る報告義務を課している。

　また、多量排出者という位置づけではないが、それに類似するものとして指定排出事業者（福島県）、特定排出事業者（東京都）、特定事業者（兵庫県）等というように、条例において事業者を特定・定義して、減量計画または処理計画の作成と報告や、産業廃棄物管理責任者の選任および届出等の義務を課している事例もある。

⑤　廃棄物管理責任者等の選任と届出

　廃棄物処理法第12条の2第8項および第9項において、「特別管理産業廃棄物管理責任者」[5]を設置することが義務化されている。都道府県のなかには、これと名称が異なるものの、産業廃棄物を排出する事業者に対して、産業廃棄物を管理する責任者の選任やその届出を推奨もしくは義務づけている都府県がある（表3-6参照）。

　例えば、岐阜県では、県内に産業廃棄物を排出する事業場を有する事業者は、事業場ごとに産業廃棄物管理責任者の選任が義務づけられている。さらに「製造業は従業員数20人以上の事業場を県内に有するもの」等の規則に定める事業場にあっては、産業廃棄物管理責任者選任届の知事への提出を義務づけているが、ISO14001の認証を取得している事業場は、この届出が免除されている。

⑥　管理票（マニフェスト）等の交付

　廃棄物処理法第12条の3において、産業廃棄物および特別管理産業廃棄物についてマニフェスト（産業廃棄物管理票）の交付が義務づけられている。これと同様の制度として、茨城県では、産業廃棄物を排出する事業者は、当該産業廃棄物を排出した事業場以外の場所において自ら産業廃棄物を処理する場合、「自社処理票」を作成し、最終処分までの行程を明確にすることを求めている。

　また、マニフェストとは異なるものの、京都府では、自社産業廃棄物の適正

5　廃棄物処理法第12条第8項では排出事業者は許可が必要な産業廃棄物処理施設（いわゆる15条施設）を設置する場合に「産業廃棄物処理責任者」を置くことが義務づけられているが、法律上の資格要件はない。

3 都道府県の廃棄物条例の動向と全体的な特徴

表 3-6 産業廃棄物を管理する責任者制度

都道府県	名　　称	備　　考
岩手県	産業廃棄物管理責任者	産業廃棄物管理責任者の設置は、建設業、製造業その他産業廃棄物の発生の状況を勘案して規則で定める事業（電気供給業、ガス供給業、熱供給業及び水道業等）を営む事業者であって産業廃棄物を生ずる事業場（規則で定めるものを除く）を有するものが対象。
宮城県	産業廃棄物管理責任者	努力義務
福島県	産業廃棄物指定処理責任者	
埼玉県	環境負荷低減主任者	
東京都	産業廃棄物管理責任者	
岐阜県	産業廃棄物管理責任者	職務内容が定められている
静岡県	産業廃棄物管理責任者	届出は要しない
大阪府	産業廃棄物管理責任者	建設業、製造業、電気供給業、ガス供給業、熱供給業又は水道業を営む事業者で、産業廃棄物を生ずる事業場を設置するものは、産業廃棄物管理責任者の設置が求められている（努力義務）
香川県	産業廃棄物管理責任者	要綱に基づく。事業者に対して、事業場ごとに産業廃棄物管理責任者の設置義務のみを規定（一定の除外要件あり）

運搬を確保するため、自社の保管用地への産業廃棄物の搬入・搬出、運搬の際の「運搬指示票」の交付・携行を義務づけている。兵庫県でも同様の制度があり、運搬者に対して、「運搬管理票」の交付・掲示等を義務づけるとともに、当該土地に係る産業廃棄物の搬入及び搬出の状況を記録する搬入搬出管理簿の作成と5年間の保存義務を課している。

⑦　建設系廃棄物に対する規制

建築系廃棄物については、工事関係者に対して特別の規制を定めている都道府県が多い。

福島県では、「福島県産業廃棄物処理指導要綱」（第14条）において、産業廃棄物の発生量が100㎥以上見込まれる土木工事または建築物の除却をともなう建築工事であって工事部分の床面積の合計（同一敷地内で工事が行われる場合は、同一敷地内の工事部分の床面積の合計）が1,000平方メートル以上のものについて、その請負者を届出の対象としている。

● 第 3 章　廃棄物条例の制度と運用

　兵庫県では、「産業廃棄物等の不適正な処理の防止に関する条例」（第 16 条の 3）において、解体工事から発生する建設資材廃棄物の処分業者への引渡しが完了したときに完了報告を義務づけている。

⑧　その他廃棄物規制に関する独自対策

　その他の独自規定として、国の制度にはないものを中心に代表的なもの 4 項目を挙げる。これらは上乗せ規制・横出し規制の複合型規制といえよう。

　(a)　山形県では、「産業廃棄物の処理に関する指導要綱」（第 6 条）において、排出事業者（適用除外あり）は、別表に定める指定産業廃棄物の種類に対応する項目の検査を行うこととなっている。また、検査の仕方についても定めており、当該検査の成績書は、検査を行った日から 5 年間保存することになっているが、罰則はない。

　(b)　埼玉県では、「埼玉県ホルムアルデヒド原因物質を含む液状の産業廃棄物及び排出水に係る指導要綱」において、事業者に処理状況の報告を求めている。ヘキサメチレンテトラミンの年間取扱量が 500kg 以上の工場または事業場が対象である。ただし、罰則はない。

　(c)　岐阜県では、「岐阜県廃棄物の適正処理等に関する条例」において、産業廃棄物アセスメント[6]を実施しなければならない大規模建設工事等を定めている。対象は、床面積 1,000 ㎡以上の建築物解体工事である。

　(d)　福岡県では、「福岡県産業廃棄物の不適正処理の防止に関する条例」において、産業廃棄物の性状等に関する情報の提供を求められた排出事業者は、同項に規定する情報を処分業者に対して提供する義務を定めている。情報の提供を拒否した者または虚偽の情報の提供を行った者や、規定による報告をせずまたは虚偽の報告をした者に対しては、罰金が科される。

---

[6] 産業廃棄物アセスメントは、大規模建設工事等に係る産業廃棄物の発生量、排出量、最終処分量等に関する事前の予測並びに当該予測に基づく産業廃棄物の減量及び処理の方法の検討をいう（同条例第 27 条）。

3 都道府県の廃棄物条例の動向と全体的な特徴

表3-7 県外産業廃棄物の搬入事前協議制度を規定をしている都道府県

条例で規定	北海道、青森県*、岩手県*、秋田県*、福島県、茨城県、岐阜県、静岡県、愛知県、三重県、山口県、香川県*、大分県
要綱で規定	山形県、栃木県、埼玉県、千葉県、長野県、富山県、石川県、福井県、島根県、岡山県**、広島県、徳島県、愛媛県、高知県、福岡県、佐賀県、長崎県、熊本県、宮崎県、鹿児島県

* 事前協議に関する特化した条例を制定している自治体
** 岡山県は「廃棄物の処理及び清掃に関する法律施行細則」にて規定

(3) 産業廃棄物に関する独自の制度

① 県外産業廃棄物の搬入事前協議

　法律には規定されておらず、国の制度ではないが、県外から産業廃棄物を持ち込む際に、条例や要綱で事前に知事等と協議を行うことや届出を義務づけることで、県内への産業廃棄物の流入に対して一定の歯止めをかけている道県がある。これらの道県では、事前協議の手続等を定めた専用の条例を制定し、または既存の廃棄物関連条例に規定しており、もしくは要綱で定めている場合もある（表3-7・図3-5参照）。

　これらの条例や要綱には、事前協議にあたっての様式や書面手続等もあわせて定められているケースも多い。

② 産業廃棄物税

　2000（平成12）年4月に地方分権一括法が施行されたことにより、自治体による自主課税権が拡大された。法定外普通税及び法定外目的税の導入により、自治体で様々な独自の課税を行えるようになっている（第1章参照）。

　産業廃棄物税は、法定外目的税[7]として、産業廃棄物の排出抑制を通じて埋立て処分量の削減を図るとともに、廃棄物処理や環境保全のための財源を確保することを目的として考案された税である。2001（平成13）年4月に三重県で制定したことを皮切りに、導入が相次ぎ2014（平成26）年9月現在、27道県で導入[8]されている（表3-8・図3-6参照）。

　課税の仕組みは、道府県によって異なるが、概ね、最終処分場または中間処

---

[7] 条例で定める特定の費用に充てなければならない。
[8] 北九州市では「環境未来税」、岐阜県多治見市では、「一般廃棄物埋立税」がある。

● 第3章 廃棄物条例の制度と運用

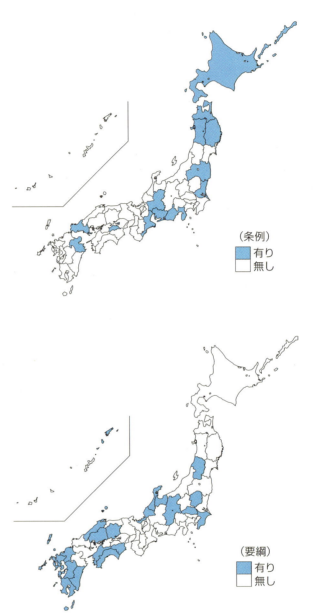

図3-5 県外産業廃棄物の搬入事前協議制度の実施状況（条例または要綱）

3 都道府県の廃棄物条例の動向と全体的な特徴

表3-8 産業廃棄物税を導入している道府県

自治体名	名称
北海道	循環資源利用促進税
青森県	産業廃棄物税
岩手県	産業廃棄物税
宮城県	産業廃棄物税
秋田県	産業廃棄物税
山形県	産業廃棄物税
福島県	産業廃棄物税
新潟県	産業廃棄物税
愛知県	産業廃棄物税
三重県	産業廃棄物税
滋賀県	産業廃棄物税
京都府	産業廃棄物税
奈良県	産業廃棄物税
鳥取県	産業廃棄物処分場税

自治体名	名称
島根県	産業廃棄物減量税
岡山県	産業廃棄物処理税
広島県	産業廃棄物埋立税
山口県	産業廃棄物税
愛媛県	資源循環促進税
福岡県	産業廃棄物税
佐賀県	産業廃棄物税
長崎県	産業廃棄物税
熊本県	産業廃棄物税
大分県	産業廃棄物税
宮崎県	産業廃棄物税
鹿児島県	産業廃棄物税
沖縄県	産業廃棄物税

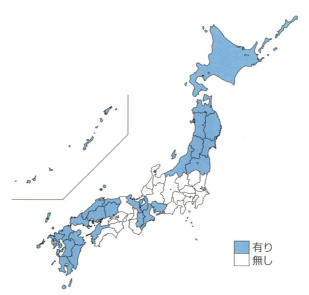

図3-6 産業廃棄物税の導入状況

理施設へ搬入する産業廃棄物を課税対象としている。課税標準は、搬入される産業廃棄物の重量（場合によっては重量換算）で、税率は1トン当たり1,000円としている場合が多い。納税者は、最終処分場または中間処理施設へ産業廃棄物を搬入する事業者、もしくは最終処分場（焼却施設の場合もあり）に搬入する産業廃棄物の排出事業者および中間処理事業者である。

道府県の産業廃棄物税の概要については、各道府県のホームページに掲載されているので、課税方法や課税頻度を確認する必要がある。

4　条例等の違反に対する事業者への罰則

(1) 廃棄物処理法にもとづく罰則

法人の代表者、代理人、使用人その他の従業員が廃棄物処理法に違反すると、刑事処分も含めた罰則の対象になる場合があり、最も重いものとして5年以下の懲役もしくは1,000万円以下の罰金、またはこの併科が科せられる。この場合、法人については3億円以下の罰金が科せられる。

廃棄物処理法違反による罰則については、各項各号によって異なることから、法律を確認する必要がある。

(2) 条例にもとづく罰則

条例に違反した場合について、懲役・罰金・過料・公表等といった罰則を定めている。勧告や命令を行っても遵守しない場合に初めて罰則が課されたり、「公表」という形で社名等を公表する規定を設けている事例もある。その一方で、遵守規定だけはあるものの、罰則がない規定もある。

例えば、兵庫県では、基準に適合しない保管、土砂埋立て等を行った場合には、知事による搬入一時停止命令、改善命令、措置命令の対象となる。この措置命令に違反した場合には、2年以下の懲役または100万円以下の罰金が、また、搬入一時停止命令、改善命令等に違反した場合には、6月以下の懲役または50万円以下の罰金が科される。なお、知事が命令、許可の取消し、告発を行ったときは、氏名等を公表することができるとされている。

4 条例等の違反に対する事業者への罰則 ●

　条例にもとづく罰則は、都道府県ごとに違いがあるため、どのような罰則があるのかをそれぞれの条例・規則において確認する必要がある。

〔小清水宏如〕

4 自然環境保全条例の制度と運用

Q. 大学で環境学を学ぶDさんは、研究の一環で日本の自然環境に関する取組みを調査することにした。
わが国の自然環境に関する公開データにはどのようなものがあるのだろうか？ また、データを用いて可視化する際の技術や、具体的活用事例には、どのようなものがあるのだろうか？

A. 環境省による「自然環境保全基礎調査」（緑の国勢調査）の成果は、当初より地図や報告書として個々に公表・刊行されてきている。しかし、近年では、情報解析および可視化による分析ツールとしてのGIS（地理情報システム：Geographic Information System）技術の向上にともない、広くデータが公表されるようになっている。「自然環境」の指す範囲が拡大するなか、こうしたツール・技術により広く環境情報を「見える化」することで、多様なステークホルダー間における共通議論のテーブルを構築する役割を担うことが期待されている。

環境省自然環境局から公開されている生物多様性センターの自然環境情報GIS提供システムでは、植生調査のほか、特定植物群落調査、河川調査、湖沼調査、湿地調査、干潟調査、サンゴ調査などのデータがあり、各種の分析や地図表示が可能である。また、国土交通省国土政策局国土情報課による「国土調査」では、土地分類調査、水調査等のデータの利用が可能になっている。従来は、一部の研究者のみの扱いであったこれら地図データの表示・分析技術は、現在では、共通基盤ファイル（SHAPE形式）による整備が進められていることもあり、住民への情報提供や政策推進のためのツールとしても広く活用が求められるようになっている。

● 第4章　自然環境保全条例の制度と運用

1　自然環境保全施策の経緯

(1)　自然保護・保全の概念

　1948年に創設された国際的な自然保護団体IUCN（国際自然保護連合：International Union for Conservation of Nature and Natural Resources）が定義する自然環境保全の指す領域は、「生物多様性および自然資源や関連した文化資源の保護を目的として法的もしくは他の効果的手法により管理される陸域、または海域」とされている。わが国の自然環境保全と法制度の関連における対象領域は、自然公園法のもとでの環境省所管の「自然公園」（国立公園等）や、自然環境保全法のもとでの「自然環境保全地域」、また、鳥獣保護法のもとでの「鳥獣保護地域」や、文化財保護法のもとでの「天然記念物」などがある。これらは、国や自治体レベルにおいて存在する領域であるが、近年では、国境を超越した生物種の対策や、地球レベルでの生物多様性への取組みなど、その対象領域が拡大している。これに伴い、世界自然遺産条約やラムサール条約、外来生物法や生物多様性基本法などの国際的枠組みにおける法制化が進められてきている（表4-1）。

　環境における「保全」と「保護」の用法には諸説があるが、主として「保全（Conservation）」とは、人がある程度手を加えながら管理し、環境状態を基準状態に維持することを指し、「保護（Preservation）」とは、人ができるだけ手を加えずに維持・管理をしていく状態を指す。本章では、「保全」と「保護」の用語については、この操作的概念を用いるものとする。

(2)　自然環境保全法の制定

　1971（昭和46）年に発足した環境庁は、国土の自然環境保全を目的として、翌1972（昭和47）年に「自然環境保全法」を制定している。同法は、自然環境保全全体についての基本的理念や基本方針を盛り込んだ基本法的な部分と、自然環境の保全を図るために自然環境保全地域などの地域を指定し一定の行為を規制する個別法的な部分の、双方を併せ持つ法律になっていることが特徴である。

　自然環境保全法の制定を受けて、その翌1973（昭和48）年には、「自然環境

1 自然環境保全施策の経緯

表4-1　主な自然環境保全施策の経緯

制定年	概要
1957年	自然公園法制定
1971年	環境庁発足
1972年	自然環境保全法制定
1973年	自然環境保全基本方針の閣議決定 自然環境保全基礎調査（通称：緑の国勢調査）の開始
1975年	世界の文化遺産及び自然遺産の保護に関する条約（通称：世界遺産条約）
1980年	水鳥の生息地として国際的に重要な湿地に関する条約 （通称：ラムサール条約） 絶滅のおそれのある野生動植物の種の国際取引に関する条約 （通称：ワシントン条約）
1992年	絶滅のおそれのある野生動植物の種の保存に関する法律（通称：種の保存法）
1993年	環境基本法制定
1995年	生物多様性国家戦略の閣議決定
1997年	環境影響評価法制定
2001年	環境省発足
2004年	特定外来生物による生態系等に係る被害の防止に関する法律（通称：外来生物法）制定
2007年	エコツーリズム推進法制定
2008年	生物多様性基本法制定
2010年	生物多様性条約締約国会議（COP10）名古屋開催 名古屋議定書・採択

保全基本方針」が閣議決定された。同方針は、自然環境の保全に関する政府の基本的な姿勢を打ち出したものであり、「自然環境保全基本構想」と、「自然環境保全地域」の二部で構成されている。このうち、前者では、全国の自然環境をどのような考え方のもとで保全を図っていくべきかという視点や、推進されるべき施策についての方針が示されている。

(3) **自然環境保全基礎調査（緑の国勢調査）の実施**

1973年から、自然環境の保全に係る基礎的情報の収集を通じて、自然の経年変化を把握することを目的とした「自然環境保全基礎調査」が実施されている。この調査は、通称「緑の国勢調査」と称され、概ね5年ごとに実施される。

具体的には、植生、特定植物群落、動植物分布、河川・湖沼、海岸、生態系モニタリング等の分野ごとに調査が実施される。調査結果は地域別のデータとして集約され、インターネット上でも公開されている。このほかにも、植生・土壌・地質・気候等、自然環境に関するさまざまなデータが公開されており、これを用いて地図上で可視化する技術（地理情報システム）が広く知られるようになっている。この技術により、自然環境を保全するという目的において市民と行政の共通の議論の場を提供できるだけなく、関連施策の立案上、専門家の立場でも活用が進められている。

2　自然環境保全等の法制度

(1)　自然環境保全に係る基本的な枠組み

わが国の自然環境保全施策の特徴は、元来、地域古来の水（河川・湖沼・海浜）や緑（緑地・森林）の存在、自然の景観をできるだけ手を加えずに保護するものであり、道路やダムの建設、観光による過剰利用やごみの投棄等に対する防御策的な意味を持つことが挙げられる。しかし、近年では、地球温暖化による局地的な異常気象や氷河の消失、在来種の絶滅危機、生物多様性の減少など、自然環境保全に関する課題がより国際化している。

自然環境保全法（1972年）は、環境保護のための地域区分として、①人の活動を受けることなく原生状態を維持している相当規模以上の地域で環境大臣による指定される「原生自然環境保全地域」（原則として自然改変行為は禁止）、②優れた天然林が相当部分を占める森林など保全することが特に必要な自然環境の地域で、環境大臣による指定される「自然環境保全地域」（特別地区等では一定の行為が原則禁止、普通地域では一定の行為について届出）、③法の規定により自然環境保全地域に準ずる区域で都道府県によって条例により指定される「都道府県自然環境保全地域」の３つの区分が設定されている。しかし、近年では、温室効果ガスの二酸化炭素の排出削減や、水源林買収に関する動きなど、地域の自然（特に森林）保全においては、国際的な課題も現れてきている。

また、1970年代前半より、都道府県単位で自然環境保全条例が制定される

など、自然環境保全に関する取組みは地域でも積極的に進められている。そのなかで「自然環境」の指す範囲は、保全のための技術、国際化など、より広範な対応が求められるようになってきており、今後は、国と地方自治体および地方自治体間における新たな技術・情報連携や、枠組みの構築が求められている。

(2) 自然環境保全施策に係る関連法制度の整備

自然環境保全関連法規は、自然公園法や鳥獣保護法などの個別法が先行し、環境庁設置後、自然環境保全法の制度によって、他の法律と相まって体系化が図られてきている（表4-2）。自然環境保全関連法規は、概ね①区域を指定しその区域の自然環境の保護を図る種類の法律と、②自然事物に着目して、その保護を図る種類の法律の2種類に分類できる。

前者の①は、自然環境保全法にもとづき策定されている「自然環境保全基本方針」を背景として、保全を進める対象を8種類に分類している（表4-3）。また、後者の②は、野性生物や温泉などを対象としており、その代表的な事例として鳥獣保護法や文化財保護法、温泉法等が挙げられる。

自然環境保全法は、優れた自然環境を維持する等の区域を指定して法令で各種行為への規制をかけるものであり、規制の適用を受ける地域に、原生自然環境保全地域、自然環境保全地域、都道府県自然環境保全地域が定められている。

(3) 都道府県における自然環境保全条例

高度成長期において進んだ全国的な都市開発等に伴い、わが国の自然環境が悪化しつつあった状況に対応し、自然環境保全

表4-2　主要な自然環境保全の法律および所管

法律名	制定年	所管
温泉法	1948年	環境省
自然公園法	1957年	環境省
自然環境保全法	1972年	環境省
鳥獣の保護及び狩猟の適正化に関する法律（鳥獣保護法）	2002年	環境省
海岸法	1956年	国土交通省
都市公園法	1956年	国土交通省
都市計画法	1968年	国土交通省
都市緑地保全法	1973年	国土交通省
生産緑地法	1974年	国土交通省
文化財保護法	1950年	文化庁
森林法	1951年	林野庁
農地法	1952年	農林水産省

表4-3　自然環境保全基本方針の8分類

1) 人間活動の影響を受けることなく原生状態を維持している自然環境
2) 優れた自然の生態系または特異な自然の減少を維持している自然環境
3) 優れたい自然の風景地を維持している自然環境
4) 過去の生活や生活様式と密接な関連を有する自然環境
5) 野外レクリエーション活動の場またはその背景地となる自然環境
6) 農林業等の生産活動の場としての自然環境
7) 都市生活の活動の場としての自然環境
8) 都市生活の場で都市住民の生活環境と密接な関連を有する自然環境

法のもと、都道府県においても条例制定の機運が高まり、1970（昭和45）年10月に北海道においてはじめて北海道自然環境等保全条例が制定された。以降、現在では47都道府県において自然環境保全に関する条例が定められている（表4-4）。これらの条例は、自然環境保全を第一としながら、自治体が持つ地域の地形や地勢、社会的条件等を考慮して策定が進められていることが特徴である。

3　森林環境税の導入

　わが国は国土面積の約3分の2が森林面積で占められており、自然環境保全における課題は、森林劣化をどのように防ぎ、維持管理するかという点に重心が置かれている。具体的な問題点としては、戦後、林業生産性の悪化などにより、拡大造林政策のもとで造成された人工林の不充分な間伐管理や、林業従事者の減少・高齢化など、社会構造的な要因のほか、地球温暖化防止の観点から森林資源の保護・維持管理といった地球環境的な要因が挙げられる。これら要因に対処するために、国や地方自治体において、間伐などの森林整備や針葉樹・広葉樹の混合林化事業などの取組みが始められており、事業の担い手として、企業やNPOなどのかかわりがみられるようになっている。

　森林の機能については、日本学術会議による多面的機能の定義において、「経済的機能」と「それ以外の公益的機能」に分類したうえで、前者を物質生

表 4-4 都道府県の自然環境保全条例名一覧

都道府県	条例名
北海道	北海道自然環境等保全条例
青森県	青森県自然環境保全条例
岩手県	岩手県自然環境保全条例
宮城県	宮城県自然環境保全条例
秋田県	秋田県自然環境保全条例
山形県	山形県自然環境保全条例
福島県	福島県自然環境保全条例
茨城県	茨城県自然環境保全条例
栃木県	自然環境の保全及び緑化に関する条例
群馬県	群馬県自然環境保全条例
埼玉県	埼玉県自然環境保全条例
千葉県	千葉県自然環境保全条例
東京都	東京における自然の保護と回復に関する条例
神奈川県	自然環境保全条例
新潟県	新潟県自然環境保全条例
富山県	富山県自然環境保全条例
石川県	ふるさと石川の環境を守り育てる条例
福井県	福井県自然環境保全条例
山梨県	山梨県自然環境保全条例
長野県	長野県自然環境保全条例
岐阜県	岐阜県自然環境保全条例
静岡県	静岡県自然環境保全条例
愛知県	自然環境の保全及び緑化の推進に関する条例
三重県	三重県自然環境保全条例
滋賀県	滋賀県自然環境保全条例
京都府	京都府環境を守り育てる条例
大阪府	大阪府自然環境保全条例
兵庫県	環境の保全と創造に関する条例
奈良県	奈良県自然環境保全条例
和歌山県	和歌山県自然環境保全条例
鳥取県	鳥取県自然環境保全条例
島根県	島根県自然環境保全条例
岡山県	岡山県自然保護条例
広島県	広島県自然環境保全条例
山口県	山口県自然環境保全条例
徳島県	徳島県自然環境保全条例
香川県	香川県自然環境保全条例
愛媛県	愛媛県自然環境保全条例
高知県	高知県自然環境保全条例
福岡県	福岡県環境保全に関する条例
佐賀県	佐賀県環境の保全と創造に関する条例
長崎県	長崎県自然環境保全条例
熊本県	熊本県自然環境保全条例
大分県	大分県自然環境保全条例
宮崎県	宮崎県における自然環境の保護と創出に関する条例
鹿児島県	鹿児島県自然環境保全条例
沖縄県	沖縄県自然環境保全条例

産機能とし、後者を生物多様性保全機能、地球環境保全機能、土砂災害防止および土壌保全機能、水源涵養機能、快適環境形成機能、保健・レクリエーション機能、文化機能に分類している。

　自然環境保全に対する経済的な取組みは、産業廃棄物税（三重県）や遊漁税（静岡県富士河口湖町）、歴史と文化の環境税（福岡県太宰府市）等の地方独自の課税方式が国に先行して導入が進められている。このうち、森林の公益的機能を維持・回復するための森林環境保全事業の新規財源として、「森林環境税」が全国に先駆けて2003（平成15）年4月に高知県で導入された。これ以降、2012年までに33県での導入実績がみられる（表4-5）。

　森林環境税による税収の使途については、「森林環境の保全」のほか、「森林を県民で守り育てる意識の醸成」を掲げるものもある。また、税収を基金として管理し、「災害に強い森づくり」や「防災・環境改善のための都市の緑化」の推進に役立てる事業実施を掲げるものなど、地域の実情を反映した多様な内容が展開されている。課税の仕組みは、実施自治体すべてにおいて、県民税の超過課税方式で実施されているが、その方式は表4-6に掲げる3つの式に大別できる。最も多い方式は個人に対しては個人住民税の均等割額に一定額の超過課税を徴収し、法人に対しては均等割額に標準税額の一定率を課税するものである。

　森林環境税は、当該自治体の森林保全施策の費用の一部を住民に求める新たな税源措置であり、多くの自治体で取組みがみられる。これは、環境や自然環境保全に対する住民の直接的な税金支払いに対する認識が得られつつあることや、2000年代初頭より進められた地方分権の推進のもとで実現した地方新税の創設自由化などを背景に導入が広がってきた経緯を持つ。

表4-6　森林環境税の課税の仕組み・導入33自治体数の内訳

A	個人＝個人県民税の均等割額に一定額（500円）を上乗せ 法人＝法人税の均等割額に一定額（500円）を上乗せ	1
B	個人＝個人住民税の均等割額に一定額の超過課税 法人＝均等割額に標準税額の一定率を課税	31
C	個人＝住民税の均等割額に加えて所得の一定割合を超過課税 法人＝なし	1

3 森林環境税の導入

表 4-5 森林環境税の導入状況

都道府県	税の名称	課税額超過税 個人	課税額超過税 法人	税収（億円）	導入年
北海道	—	—	—	—	—
青森県	—	—	—	—	—
岩手県	森林づくり県民税	1000円	10%	7.0	2006年
宮城県	みやぎ環境税	1200円	10%	11.0	2011年
秋田県	水と緑の森づくり税	800円	8%	4.6	2008年
山形県	緑環境税	1000円	10%	6.5	2007年
福島県	森林環境税	1000円	10%	11	2006年
茨城県	森林湖沼環境税	1000円	10%	16.5	2008年
栃木県	元気な森づくり県民税	700円	7%	8.6	2008年
群馬県	—	—	—	—	—
埼玉県	—	—	—	—	—
千葉県	—	—	—	—	—
東京都	—	—	—	—	—
神奈川県	水源環境保全再生県民税	300円	なし	38.0	2007年
新潟県	—	—	—	—	—
富山県	水と緑の森づくり税	500円	5%	3.4	2007年
石川県	森林環境税	500円	5%	3.7	2007年
福井県	—	—	—	—	—
山梨県	森林及び環境保全に係る県民税	500円	5%	2.7	2012年
長野県	森林づくり県民税	500円	5%	6.5	2008年
岐阜県	ぎふ森林・環境税	1000円	10%	12.0	2012年
静岡県	森林づくり県民税	400円	5%	9.6	2006年
愛知県	森と緑づくり税	500円	5%	22.0	2009年
三重県	—	—	—	—	—
滋賀県	琵琶湖森林づくり県民税	800円	11%	6.3	2006年
京都府	—	—	—	—	—
大阪府	—	—	—	—	—
兵庫県	県民緑税	800円	10%	23.9	2006年
奈良県	森林環境税	500円	5%	3.6	2006年
和歌山県	紀の国森づくり税	500円	5%	2.6	2007年
鳥取県	森林環境保全税	500円	5%	1.8	2005年
島根県	水と緑の森づくり税	500円	5%	2.0	2005年
岡山県	おかやま森づくり県民税	500円	5%	5.5	2004年
広島県	森づくり県民税	500円	5%	8.4	2007年
山口県	森林づくり県民税	500円	5%	4.0	2005年
徳島県	—	—	—	—	—
香川県	—	—	—	—	—
愛媛県	森林環境税	700円	7%	5.3	2005年
高知県	森林環境税	500円	500円	1.7	2003年
福岡県	森林環境税	500円	5%	13.2	2008年
佐賀県	森林環境税	500円	5%	2.2	2008年
長崎県	ながさき森林環境税	500円	5%	3.7	2007年
熊本県	水と緑の森づくり税	500円	5%	4.8	2005年
大分県	森林環境税	500円	5%	3.2	2006年
宮崎県	森林環境税	500円	5%	2.9	2006年
鹿児島県	森林環境税	500円	5%	4.3	2005年
沖縄県	—	—	—	—	—

注：神奈川県は県民税均等割のほかに県民税所得割にも「個人年額：0.025％」を課税。

● 第4章　自然環境保全条例の制度と運用

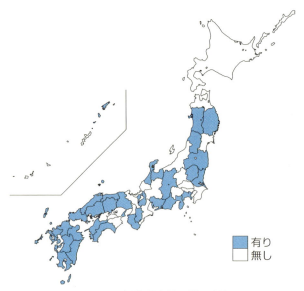

図4-1　森林環境税の導入状況

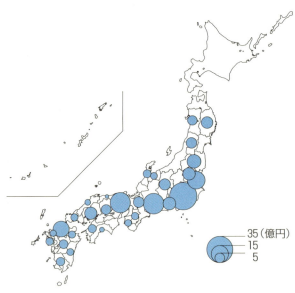

図4-2　森林環境税の税収

森林環境税の特徴の1つは、地域環境施策として、税制の構想段階における制度設計から、税収の使途、施策の実施、制度の事後評価に至るまで、税制をめぐるすべての段階において住民参加を保証する仕組みが導入されていることが挙げられる。この導入により近年では、「社会関連資本への投資としての地方環境税」としても積極的な評価がなされている。しかし、費用負担論や責任論の構築の必要性など検討すべき課題も有する。

　また、地域における森林を含む自然環境保全は、単に「森林」のみを対象としたものにとどまらない。水資源管理の視点から、流域資源の重層性と越境性を踏まえた多様なステークホルダーの参加とパートナーシップのあり方、地球温暖化対策との関係、税導入後の実施事業の評価など、整理すべき論点も多い。

4　森林保全施策の課題

　森林保全施策については、森林環境税の導入が図られる一方、近年では、水道水源保護のための取組みも進められており、自治体による森林の公有化の動きも広がっている。日本経済新聞の報道（2014年4月15日・朝刊）によると、現在15の道府県において森林売買事前届出に関する条例が制定されており（図4-3）、市町村単位でも独自に条例の制定が進められている。市町村では、都道府県で定めた補助制度の活用により、水源林を買収した14自治体（表4-7）のうち、8市町村が制度を活用していることが明らかにされている。

　また、森林所有者の高齢化、木材価格の下落等で管理が粗放化した森林が増加しつつあることや、外国資本による森林買収への危機感などを背景に国会において健全な水環境の確保と水資源の保全に向けた法整備の必要性が提議され、2014年3月に「水循環基本法」が成立した。

　本法律は、健全な水循環の維持・回復のための政策を包括的に推進すること等を目的とするもので、同法により地下水を含む水が「国民共有の貴重な財産であり、公共性の高いもの」（第3条の2）とはじめて法的に位置づけられることになった。

　森林環境税の使途は、森林整備そのものに使用するハードの側面と、森林の

● 第4章　自然環境保全条例の制度と運用

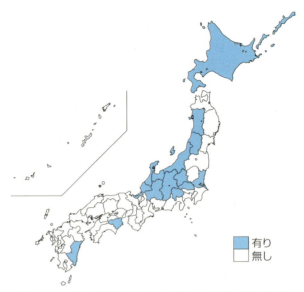

図4-3　森林売買事前届出に関する条例の制定状況

表4-7　市町村による水源林の公有化の状況

市町村	面積（ha）	開始年度
北海道七飯町	45	2010年
山形県遊佐町	14	2011年
山形県尾花沢市	109	2012年
神奈川県横浜市	227	2007年
奈良県川上村	740	1999年
和歌山県古屋川町	595	2009年
徳島県那賀町	80	2011年
広島県広島市	355	1998年
福岡県福岡市	3	2009年
福岡県大野城市	11	2008年
福岡県筑紫野市	3	2008年
佐賀県佐賀市	5	2009年
熊本県水上村	32	2005年
宮崎県西米良村	58	2010年

公益的機能の啓蒙・教育・広報活動等に使用するソフトの側面を併せもつ。また、森林環境税により、環境としての森林保全と産業としての林業育成の両方を支援する形態になっている点において特徴を持つ。

5 地域における生物多様性保全の取組み

都道府県における自然環境保全施策は、元来、開発等による環境悪化を背景とし、これを防止、制御するために制定された条例がその主体であった。しかし、地域独自の環境保全施策を持つ都道府県もあるなかで、近年では、「自然環境」の指す範囲や領域は、当該の地域にとどまらず、地球規模の領域に拡大しており、これを受けた指針づくりが求められるようになっている。

生物の多様性に関する条約（Convention on Biological Diversity）は、その対象を「生態系」「種」「遺伝子」の3段階でとらえ、①生物多様性の保全、②生物多様性の構成要素の持続可能な利用、③遺伝資源の利用から生ずる利益の公正かつ公平な配分、を目的とする国際条約である。条約は、1992年にケニア

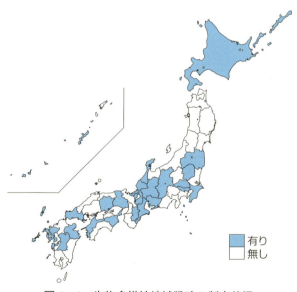

図4-4　生物多様性地域戦略の制定状況

表 4-8　生物多様性地域戦略の策定状況

策定自治体	地域戦略名	策定年
滋賀県	滋賀の野生動植物との共生に関する基本計画 琵琶湖ビオトープネットワーク長期構想	2007年 2009年
埼玉県	生物多様性保全県戦略	2008年
千葉県	生物多様性ちば戦略	2008年
愛知県	あいち自然環境保護戦略 あいち生物多様性戦略2020	2009年 2013年
兵庫県	生物多様性ひょうご戦略	2009年
長崎県	長崎県生物多様性保全戦略	2009年
北海道	北海道生物多様性保全計画	2010年
栃木県	生物多様性とちぎ戦略	2010年
熊本県	生物多様性くまもと戦略	2011年
福島県	ふくしま生物多様性推進計画	2011年
石川県	石川県生物多様性戦略ビジョン	2011年
大分県	生物多様性おおいた県戦略	2011年
岐阜県	生物多様性ぎふ戦略	2011年
佐賀県	佐賀県環境基本計画	2011年
愛媛県	生物多様性えひめ戦略	2011年
長野県	生物多様性ながの県戦略	2012年
三重県	みえ生物多様性推進プラン	2012年
東京都	生物多様性保全に向けた基本戦略	2012年
奈良県	生物多様性なら戦略	2013年
岡山県	自然との共生おかやま戦略	2013年
広島県	生物多様性広島戦略	2013年
福岡県	福岡県生物多様性戦略	2013年
沖縄県	生物多様性おきなわ戦略	2013年
山口県	生物多様性やまぐち戦略	2013年
徳島県	生物多様性とくしま戦略	2013年
福井県	福井県環境基本計画	2013年

※　2013（平成25）年12月末現在

のナイロビで開催された関連会議を端緒とし、1993年に発効しており、2014年5月現在では世界194の国・地域が参加している。また、生物多様性条約締約国会議（COP）は、1994年の第1回開催以来、ほぼ2年ごとに開催されており、2010年には名古屋市でCOP10（第10回締約国会議）が開催された。

2008（平成20）年に生物多様性基本法が制定され、同法13条において、自治体の責務として「都道府県及び市町村は、単独又は共同して（中略）生物の多様性の保全及び持続可能な利用に関する基本的な計画（生物多様性地域戦略）を定めるよう努めなければならない」ことが規定されている。また、「生物多様性国家戦略2012－2020」（2012年9月閣議決定）においても、「生物多様性を社会に浸透させる」ことが生物多様性施策の5つの基本戦略の1つに挙げられており、地方自治体による地域戦略の策定を促進するための取組みを行うこととされている。2013年12月現在、生物多様性地域戦略の策定状況は、26都道府県であるが（図4-4・表4-8）、政府では、2020（平成32）年までにすべての都道府県が策定することを目標としている。

6　森林保全と水質管理に係る条例制度の事例（滋賀県）

自然環境保全の対象として「水」や「森林」がその主眼に置かれ、全国の自治体では地域の実情に応じた様々な取組みが展開されている。本節では、琵琶湖の水質管理と流域の森林保全の双方からの取組みを行っている滋賀県を事例としてその特徴をみる。

琵琶湖は、滋賀県中心部に位置する日本最大の面積670平方kmと貯水量27.5立方kmを持つ淡水湖であり、古くから漁業や水上交通路が発達してきた経緯がある。現在でも、関西地域における水源として重要な機能を持っている。そのため、琵琶湖を取り巻く自然環境保全対策は滋賀県において重要な位置づけを持っている。

閉鎖性水域という構造上の特徴を持つ湖沼は、1960年代以降、周辺地域からの汚水の流入等により水質汚濁や富栄養化が進行したが、琵琶湖もその例外ではなかった。滋賀県では、1979（昭和54）年には、独自に工業排水と家庭用排水を規制する「滋賀県琵琶湖の富栄養化の防止に関する条例」を制定している。本条例は、琵琶湖周辺地域の市民運動（環境運動）が契機となっており、その後の全国における河川等の水質改善や合成洗剤の使用禁止などの条例制定に結び付いたことが特徴である。その後、1984（昭和59）年には琵琶湖風景条

● 第4章　自然環境保全条例の制度と運用

例を、1992（平成4）年にはヨシ群落保全条例を制定するなど、琵琶湖の環境保全に係る条例制度が整備され、琵琶湖の水質改善の取組みが進められてきた。2000（平成12）年には「水質保全」、「水源涵養」、「自然的環境・景観保全」の3つを柱にした琵琶湖総合保全整備計画（マザーレイク21計画）が策定されている。

　また、琵琶湖の水源涵養と森林の公益的機能の確保の観点から、2006（平成18）年に制定された「琵琶湖森林づくり県民税条例」により、環境経済学的手法による自然環境保全施策も併用されるなど、先進的で多次元的な取組みが展開されている。

[坪井塑太郎]

5 環境影響評価条例の制度と運用

Q 自治体で都市計画行政を担当しているEさんは、担当区域で一定規模の土地区画整理事業を検討している。このような開発事業は、環境アセスメントの対象になるだろうか。また、制度の対象になる場合には、どのような手続が必要になるだろうか。

A 相当規模の開発事業を行う場合には、法律または条例にもとづく環境アセスメント制度の対象となり、所定の手続が必要になる。

まず、大規模な開発事業の場合には、国の環境影響評価法の規模要件に照らし、要件に該当する場合は、法制度が適用される。法の場合は、全国一律の制度であるため、開発予定地の立地場所にかかわらず規模要件に該当する場合は対象となり、法の規定に従うことが求められる。

法制度の場合には、必ず該当する規模要件として設定された第1種事業と、事業が予定されている立地場所の特性（地域特性）等に応じて法に該当するか否かの判定が行われる第2種事業の、2つの区分に分けられている。第2種事業の場合は、法の対象に該当するかの判定が行われ、その結果、該当するとされた場合は、第1種事業と同様に法の手続に従う必要がある。判定の結果、該当しないとされた場合は、法制度は適用されないが、次に述べる自治体条例に該当する場合があるので、注意が必要である。

法の規模要件に達せず該当しない場合には（第2種事業で該当しないと判定された事業を含む）、地方自治体が制定している環境影響評価条例の対象になることがある。条例に該当するか否かは、各々の自治体で定める条例の対象事業要件に従うことになる。その際、自治体条例によって対象事業の種類や規模要件の数値が異なることがあるので、事業の立地場所にある自治体条例を慎重に確認して、対象になるか否かを見極める必要がある。

自治体条例の規模要件に達しない事業の場合には、法、条例のいずれにも該当しないため、環境アセスメントの手続は不要になる。

土地区画整理事業の場合には、法の第1種事業の規模要件は事業区域面積が100ha以上で、第2種事業の規模要件は75ha以上100ha未満と定められている。条例の場合には、自治体で異なるが、例えば大阪府環境影響評価条例では、事業区域面積50ha以上100ha未満の範囲が対象と定められている。

● 第5章　環境影響評価条例の制度と運用

1　環境アセスメント制度の意義

(1)　環境アセスメント制度の趣旨

　環境アセスメント（EIA：Environmental Impact Assessment）とは、良好な地域社会の実現に向けて、開発事業や開発計画（以下「事業等」という）の立案・決定に際し、あらかじめ事業等の環境面について調査・予測・評価を行い、その内容について住民等の関係者から意見を聴取し、検討することを通じて、事業等の内容に環境配慮を盛り込む施策手段の1つである。事業等の実施前の手続として、事業等にともなう環境破壊等の未然防止による環境保全手法の側面とともに、住民等の意見を事業内容に反映するコミュニケーションツールとしての要素も有している。

　「環境アセスメント」について、国内ではほぼ同じ意味で「環境影響評価」の用語が用いられることがある。環境アセスメントと環境影響評価について、時には「環境アセスメント」は、より広い範囲を対象に計画段階で適用する手続も含めて広義の概念で用いられ、他方「環境影響評価」は、もっぱら事業の実施段階で適用する事業アセスメントの概念で使用される場合もあるが、本章では両者を基本的に同義で用いる。また、文中ではこれを「環境アセス」と略記することがある。

(2)　国内における環境アセスメント制度の経緯

　環境アセスメント制度は、1969年に米国の国家環境政策法（NEPA：National Environmental Policy Act）において世界で初めて制度化されて以来、各国で導入が進んできた。わが国では、1960年代の高度経済成長期における深刻な産業公害や自然環境破壊の被害を教訓として、開発事業にともなう環境汚染等を未然に防止する観点から、1970年代に取組みが始まった。表5-1にこの間の環境アセスメント制度の経緯をまとめている。

　制度の端緒として、1972（昭和47）年に政府の閣議了解「各種公共事業に係る環境保全対策について」により、公共事業に対して環境影響の内容等について事前に調査を行い、必要な措置等を取る仕組みが導入された。その後1980年代に入り、政府は法制化をめざしたが、産業界の強い抵抗等もあって継続審

1 環境アセスメント制度の意義

表5-1 日本の環境影響評価制度の経緯

実施年	事　項
1967年	公害対策基本法の制定・施行
1969年	米国で国家環境政策法（NEPA）制定、環境アセスメント制度（EIA）の開始、世界初の環境アセスメント制度
1971年	環境庁発足
1972年	「各種公共事業に係る環境保全対策について」（閣議了解）、公共事業についてアセス制度を導入
1976年	川崎市環境影響評価に関する条例の制定 国内で初めての環境アセスメントの制度化
1979年	北海道環境影響評価条例の制定
1981年	神奈川県環境影響評価条例、東京都環境影響評価条例の制定 旧環境影響評価法の国会提出
1983年	旧環境影響評価法の廃案
1984年	「環境影響評価の実施について」閣議決定、閣議決定要綱に基づく環境アセスメント制度の運用の開始
1992年	ブラジル・リオデジャネイロにて「国連環境開発会議」（地球サミット）の開催
1993年	環境基本法の制定、環境影響評価を法的に位置づけ
1997年	環境影響評価法の制定、環境アセスメントの法制化
1999年	環境影響評価法の全面施行
2001年	環境省発足
2009年	環境影響評価法の見直しの検討
2011年	環境影響評価法の一部改正、計画段階配慮書手続等の導入
2012年	風力発電所事業が環境影響評価法の対象事業となる
2013年	改正環境影響評価法の全面施行

議を重ねるなかで国会解散により法案は廃案となった。この結果、1984（昭和59）年「環境影響評価の実施について」が閣議決定され、環境影響評価実施要綱による環境アセス制度の運用が開始された。

要綱アセスによる10数年の取組みを経て、1993（平成5）年施行の環境基本法第20条の規定や、1994（平成6）年策定の環境基本計画における環境アセス制度に関する表記を受けて、政府では改めて法制化の取組みが開始された。そして1997（平成9）年6月、わが国初めての法制度として「環境影響評価法」が制定・公布され、1999（平成11）年から完全施行された。同法附則第7条では、法律施行後10年において施行状況について検討し、必要な措置を講ずる

● 第 5 章　環境影響評価条例の制度と運用

と定めており、その結果、2011（平成 23）年 4 月「環境影響評価法の一部を改正する法律」が成立し、2013（平成 25）年 4 月から全面施行されて今日に至っている。

　地方自治体（本章では「地方自治体」と「地方公共団体」は同義で用いる）でも、1970 年代前半に環境影響評価の取組みが開始された。当初は内部要綱に基づく運用であったが、1976（昭和 51）年川崎市が初めて「川崎市環境影響評価に関する条例」を制定し、住民意見の聴取等の手続を取り入れた体系的な制度を条例化した。続いて 1979（昭和 54）年には「北海道環境影響評価条例」が、1981（昭和 56）年には「神奈川県環境影響評価条例」と「東京都環境影響評価条例」が制定され、先進的な自治体で本格的な制度の運用[1]が始まった。しかし、1980 年代半ばになると、政府の要綱アセスの動きを受けて、自治体では条例化の取組みは停滞し、再び要綱により制度を運用することが広がった。

　1997（平成 9）年の環境影響評価法の成立は大きな転換点となった。同法の制定を契機として、旧来の要綱を廃止して条例に改正する動きや、法で導入された新たな方法書等を採用して条例制度を全面改正する動きが広がり、1990年代終り頃から各地で環境影響評価条例の制定が拡大した。さらに 2011（平成 23）年の法改正を受けて、2014（平成 26）年現在では、改正された法の諸手続に対して自治体側の所要の措置を規定することや、新たな計画段階環境配慮書に対応して同様の手続を盛り込むことなど、条例改正の動きが広がっている。

2　環境影響評価法の手続および条例との関係

　2011（平成 23）年 4 月の環境影響評価法の改正により、新たに計画段階環境配慮書手続（以前は「戦略的環境アセスメント SEA：Strategic Environmental Assessment」と呼ばれることがあった）や事後調査の報告書手続、方法書等のインターネット公表（電子縦覧）の規定などが導入され、環境配慮制度として体系的な仕組みが確保された。法制度における主な手続の流れと、条例との関係について説明する。

---

[1] 日本の地方自治体における環境アセスメント制度の（条例、要綱）の制定・運用の過程については（社）日本アセスメント協会（2003：149 〜 162）を参照。

2 環境影響評価法の手続および条例との関係

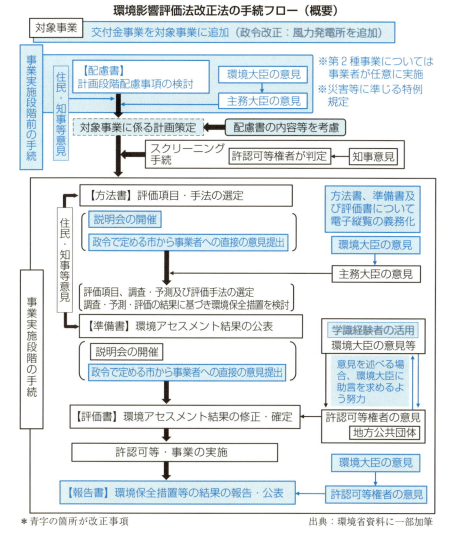

図5-1 環境影響評価法の主な手続の流れ

(1) 法制度の手続

改正された法制度は、事業実施の前の計画段階において新たに配慮書手続が設けられ、事業実施段階では方法書、準備書、評価書が、その後の事業の着手・供用段階で報告書の手続が新設されるという構成に整えられた。図5-1

に環境影響評価法の主な手続の流れを示す。

　事業実施の前の計画段階では、改正法で導入された「配慮書手続」が実施される。これは、事業の位置や規模、配置・構造等を検討する段階で適用され、事業者が作成した複数の計画案を含む配慮書について住民や自治体首長の意見を聴くこと等により、事業の早期段階から環境面の配慮を盛り込む手続である。

　その後、事業の位置・規模等が選定され、事業計画の諸元が固まる。これについて、特に事業規模の面から、当該事業が法の対象事業に該当するか否かの判定（スクリーニング）が実施される。すなわち、当該事業が法の対象規模要件（第1種事業（表5-2参照））に該当するときは、そのまま対象事業として次の実施段階に進む。これに対し、対象事業の規模要件は下回るものの一定規模以上である事業（第2種事業）のときは、事業特性と立地域の特性から、法の対象とすべきか判定される。その結果該当すると判定された事業は、以後は対象事業として実施段階に進む。最初から法の第2種事業の規模要件を下回っている中小事業や、スクリーニングにより対象外と判定された事業は、法の対象外の事業となり、法制度上は手続が行われない。しかし、実際の行政現場では、スクリーニングにより対象外とされた事業は、法より中小規模の事業を対象とする条例制度に該当し、条例上の手続が適用されることになる。

　次に、事業の実施段階に移り、環境影響評価の項目や手法等を絞り込む「方法書手続」が行われる。事業者が作成する環境影響評価方法書について、関係地域の自治体首長や住民の意見を聴き、また環境大臣意見を踏まえた主務大臣の意見も提出される。これにより、事業者は環境影響評価に際して調査等の範囲、評価項目、予測評価手法が固まり、調査等の手戻りを避けて効率的な影響評価が行われることが期待される。

　続いて「準備書手続」が実施される。事業者は、方法書にもとづき環境影響評価を行い、その結果を踏まえて必要な環境保全措置を検討し、環境影響の回避・低減の状況等を記載した準備書を取りまとめる。事業者は、準備書を公開し、関係地域の住民や自治体首長から意見を受け、この内容を検討する。

　次に「評価書手続」が適用される。事業者は、自治体首長等の意見を踏まえて準備書を修正して評価書を作成し、許認可等権者に送付する。許認可等権者は、これについて環境大臣意見を勘案して自らの意見を取りまとめ、事業者に

送付する。事業者は、この意見を踏まえ、評価書の記載内容について改めて検討して、必要な範囲で修正等を行い、補正した評価書を許認可等権者に送付する。また、補正後の評価書を公告・縦覧する。

　許認可等権者は、対象事業の許認可等の審査に当たり、評価書の内容について適正に環境保全がなされているかを審査し、許認可等に反映することにより、環境配慮を確保する。事業者は、許認可等権者から許可等を受け、事業の着手・実施に至る。

　事業の着手後は、改正法で新設された「報告書手続」が行われる。事業者は、事業の実施後に講じた環境保全措置の内容、事後調査[2]の結果等について報告書を作成し、許認可等権者に送付するとともに、これを公表する。許認可等権者は、送付された報告書について環境保全の見地から意見を述べることができる。

　以上が法制度の手続である。自治体の条例制度でも、概ねこれと同様の流れで構成されている。自治体によっては、計画段階配慮書が設定されていない場合や、住民意見の提出等の規定について独自の定めを置いている例もみられるが、基本的な構成は法制度と同様である。

(2) 法律と条例との関係

　環境影響評価における法律と条例との関わりについて、わが国の制度は基本的には環境影響評価法の運用を根幹とし、法制度では対象とならない中小規模の事業（法と同じ事業種であっても規模要件から法対象外となる事業）や、全く別の事業種の事業等について、自治体が地域の実情も踏まえながら条例で対象とする仕組みである。法律と条例は役割分担し、中小規模から大規模な事業まで環境影響評価制度が適用されることにより、地域環境の保全に向けた取組みが実施される。

　環境影響評価法では、同法と条例との関係について次のように明記している。法第61条では「この法律の規定は、地方公共団体が次に掲げる事項に関し条

2　「事後調査」とは「環境影響評価法の規定に基づき主務大臣が定めるべき指針に関する基本的事項」（平成24年、環境省告示第63号）の「第五　環境保全措置指針に関する基本的事項」において、「工事中及び供用後の環境の状態等を把握するための調査」と規定されている。

例で必要な規定を定めることを妨げるものではない」とし、その第1項では、法対象事業以外の事業について地方公共団体は環境影響評価その他の手続について条例で定めることができる旨を定め、また第2項では、法対象事業について地方公共団体が行う環境影響評価の手続に関する事項を条例で定めること（本法の規定に反しないものに限る）ができる旨を規定している。留意すべきは第2項の規定であり、法対象事業については、地方自治体は法の規定に反しない限りにおいて条例で環境影響評価手続を定めることができると解される。

法制度と条例制度との関わりについて、詳しくみていくと、その内容は、法制度に対して条例による対象事業の拡大、評価項目の拡大、手続の追加といった観点から整理することができる。以下、この内容を確認しておく。

第1は、法の対象事業に対し、条例ではこれより対象を拡大して制度の対象範囲を広げることが行われている。こうした対象事業の拡大は、事業種の拡大と、対象規模要件の拡大（実態的には規模要件の引き下げ）がある。

環境影響評価法の対象事業種と規模要件を**表5-2**に示す。事業種は、一般的な開発事業の13種類があり、加えて港湾計画がある。事業規模は、前述したように必ず法対象事業となる第1種事業と、スクリーニング対象の第2種事業からなる。第2種事業は、第1種事業の規模要件の75％〜100％が設定されており、スクリーニングにより法対象と判定された場合は、その後は対象事業となり法の規定が適用される。

これに対し、自治体の場合には、一般的により多くの事業種が定められている。例えば神奈川県条例の対象事業リストを**表5-3**に示す。神奈川県条例では、法対象の事業種にはない「研究所の建設」や「高層建築物の建設」、「廃棄物処理施設の建設」等が挙げられている。

次に、規模要件について、法制度では例えば「火力発電所」に関して 第1種事業で出力15万kW以上が対象となり、第2種事業はこの75％〜100％が設定されている。一方、条例制度では、法対象事業に比べて中小規模の事業が対象となる。例えば大阪府条例では、火力発電所建設では出力2万kW以上で15万kW未満の事業が、また土地区画整理事業では事業面積50ha以上で100ha未満の事業が範囲であり、法に該当しないものが対象となると規定されている。したがって、法の第2種事業であって、スクリーニングにより法対象

2 環境影響評価法の手続および条例との関係

表5-2 環境影響評価法の対象事業種と規模要件

事業の種類	第1種事業	第2種事業
1. 道路		
高速自動車国道	すべて	
首都高速道路など	4車線以上のもの	
一般国道	4車線以上・10km以上	4車線以上・7.5km～10km
林道	幅員6.5m以上・20km以上	幅員6.5m以上・15km～20km
2. 河川		
ダム、堰	湛水面積100ha以上	湛水面積75ha～100ha
放水路、湖沼開発	土地改変面積100ha以上	土地改変面積75ha～100ha
3. 鉄道		
新幹線鉄道	すべて	
鉄道、軌道	長さ10km以上	長さ7.5km～10km
4. 飛行場	滑走路長2,500m以上	滑走路長1,875m～2,500m
5. 発電所		
水力発電所	出力3万kW以上	出力2.25万kW～3万kW
火力発電所	出力15万kW以上	出力11.25万kW～15万kW
地熱発電所	出力1万kW以上	出力7,500kW～1万kW
原子力発電所	すべて	
風力発電所	出力1万kW以上	出力7,500kW～1万kW
6. 廃棄物最終処分場	面積30ha以上	面積25ha～30ha
7. 埋立て、干拓	面積50ha超	面積40ha～50ha
8. 土地区画整理事業	面積100ha以上	面積75ha～100ha
9. 新住宅市街地開発事業	面積100ha以上	面積75ha～100ha
10. 工業団地造成事業	面積100ha以上	面積75ha～100ha
11. 新都市基盤整備事業	面積100ha以上	面積75ha～100ha
12. 流通業務団地造成事業	面積100ha以上	面積75ha～100ha
13. 宅地の造成の事業（「宅地」には、住宅地、工場用地も含まれる）	面積100ha以上	面積75ha～100ha
○港湾計画	埋立・掘込み面積の合計300ha以上	

出典：環境影響評価情報支援ネットワーク「環境アセスメントガイド」
http://www.env.go.jp/policy/assess/1-1guide/1-4.html　2014/4/9参照

表5-3　神奈川県環境影響評価条例の対象事業

番号	対象事業の種類	番号	対象事業の種類
1	道路の建設	16	ダムの建設
2	鉄道、軌道の建設	17	取水堰の建設
3	鋼索鉄道、索道の建設	18	放水路の建設
4	操車場、検車場の建設	19	土石の採取
5	飛行場の建設	20	発生土処分場の建設
6	工場、事業場の建設	21	墓地、墓園の造成
7	電気工作物の建設	22	住宅団地の造成
8	研究所の建設	23	学校用地の造成
9	高層建築物の建設	24	レクリエーション施設用地の造成
10	廃棄物処理施設の建設	25	浄水施設及び配水施設用地の造成
11	下水道終末処理場の建設	26	土地区画整理事業
12	都市公園の建設	27	公有水面の埋立て
13	工業団地の造成	28	宅地の造成
14	研究所団地の造成	29	前各号に掲げるもののほか、これらに準ずるものとして規則で定める事業
15	流通団地の造成		

出典：神奈川県「かながわの環境アセスメント」「神奈川県環境影響評価条例の対象事業の種類」
http://www.pref.kanagawa.jp/cnt/f247/p4090.html　2014/4/9参照

事業に該当すると判定されたものは、以後は法の対象事業と扱われるため、条例対象からは外れる。逆に、スクリーニングにより法対象事業に該当しないと判定された事業は、条例対象事業となり、条例手続が課せられる。

　第2は、調査・予測・評価の範囲となる「評価項目」の拡大である。条例制度の多くでは、地域環境の状況を踏まえ、対象とする環境の範囲をより広くとらえて評価項目を設定している。具体的には、法制度で対象とする環境要素と評価項目は表5-4に示す内容であるが、これに対して条例制度では、範囲を広げて対象としている。例えば、神奈川県条例では、法制度では対象とならない「日照阻害」や「電波障害」、「文化財」、「レクリエーション資源」の項目が含まれる（表5-5参照）。これらは法制度で扱う「環境」の範囲には含まれず、自治体独自の評価項目となっている。神奈川県条例では、法対象事業に対しても、こうした独自の評価項目に関して調査・予測・評価を行い、事業等の実施

2 環境影響評価法の手続および条例との関係

表5-4 環境影響評価法が対象とする環境要素と環境項目

環境の自然的構成要素の良好な状態の保持			
大気環境	水環境		土壌環境・その他の環境
大気質 騒音・超低周波音 振動 悪臭 その他	水質 底質 地下水 その他		地形・地質 地盤 土壌 その他
生物の多様性の確保及び自然環境の体系的保全			
植物	動物		生態系
人と自然との豊かな触れ合い			
景観			触れ合い活動の場
環境への負荷			
廃棄物等			温室効果ガス等
一般環境中の放射性物質			
放射線の量			

出典:環境影響評価情報支援ネットワーク「環境アセスメントガイド」に加筆
http://www.env.go.jp/policy/assess/1-1guide/1-5.html 2014/4/9 参照
注:表中の「一般環境中の放射性物質」の項は、2014年6月27日付けで「環境影響評価法第3条の2第3項及び第11条4項の規定による主務大臣が定めるべき指針に関する基本的事項」において追加された。

表5-5 神奈川県環境影響評価条例の評価項目

1	大気汚染	10	日照阻害
2	水質汚濁	11	気象
3	土壌汚染	12	水象
4	騒音・低周波音	13	地象
5	振動	14	植物・動物・生態系
6	地盤沈下	15	文化財
7	悪臭	16	景観
8	廃棄物・発生土	17	レクリエーション資源
9	電波障害	18	温室効果ガス

出典:神奈川県「かながわの環境アセスメント」「神奈川県環境影響評価条例の評価項目」http://www.pref.kanagawa.jp/cnt/f247/p4091.html 2014/4/9 参照

により地域環境に重大な影響が生じると見込まれる場合には必要な環境保全措置を講じることを規定している。

なお、今般の法制度改正では、新たな評価項目の追加等は行われていない。ただし、対象事業に風力発電所が追加されたことに伴い、基本的事項の評価項目別表（環境省告示）において、従来の「騒音」が「騒音・低周波音」に改められている。

第3は、法の手続に対応して、自治体独自の観点から新たに追加・設定したりする仕組みが挙げられる。いわば手続面の拡大・充実である。

例えば、法制度では、配慮書や方法書、準備書の段階で、事業者が自治体の長（知事等）に意見を求める手続が定められている（法制度では、法対象事業に関して、計画段階配慮書や方法書、準備書等について関係自治体の首長（都道府県知事または政令で指定する市の長）が意見を提出する手続がある）。その際、自治体側では、地域環境の保全の観点から適正な意見を形成するため、有識者や環境団体等から構成する審査会を設けて、その意見を聴き、知事等の意見の形成に反映することが行われる。このような手順は、法制度上で必ずしも求められるものではないが、自治体首長の判断として、自らの意見形成に際して透明性や客観性を確保する手続であり、多くの自治体条例では、こうした法制度を補完する形で、必要な規定を設けている例がみられる。

3　都道府県等における環境影響評価条例の概要

(1)　環境影響評価条例の制定状況

環境影響評価制度に関する条例の制定状況をみると、2014（平成26）年3月末時点で、すべての都道府県の47団体（表5-6参照）[3]で制定されている。このほか、全国の15政令指定都市、中核市以下の13市区町[4]でも環境影響評価に

3　本調査は、「環境影響評価情報支援ネットワーク」（環境省）の都道府県・市区町村における環境影響評価条例の制定・施行状況等（2013年3月末現在）をもとに、2014年3月末時点において自治体ホームページ等で確認して、制定状況を整理したものである。

4　市区町村では、広義の観点から開発事業への環境配慮等の取組みを実施している例もみられる。総合的な環境影響評価制度を制定し運用している団体は、条例による吹田市、

3 都道府県等における環境影響評価条例の概要

表5-6 都道府県の環境影響評価条例の制定状況 （2014（平成26）年3月現在）

団体名	名称	施行年月日	直近改正	配慮書手続	風力発電所
北海道	北海道環境影響評価条例	1999 (H11).6.12	2013 (H25).3.29	◎	◎
青森県	青森県環境影響評価条例	2000 (H12).6.23	2013 (H25).3.27	×	×
岩手県	岩手県環境影響評価条例	1999 (H11).6.12	2012 (H24).7.17	×	×
宮城県	宮城県環境影響評価条例	1999 (H11).6.12	2012 (H24).12.20	×	○
秋田県	秋田県環境影響評価条例	2001 (H13).1.4	2013 (H25).3.15	×	×
山形県	山形県環境影響評価条例	1999 (H11).7.23	2013 (H25).3.22	×	×
福島県	福島県環境影響評価条例	1999 (H11).6.12	2012 (H24).12.28	×	○
茨城県	茨城県環境影響評価条例	1999 (H11).6.12	2012 (H24).10.3	◎	◎
栃木県	栃木県環境影響評価条例	1999 (H11).6.12	2013 (H25).10.25	×	×
群馬県	群馬県環境影響評価条例	1999 (H11).6.12	2013 (H25).3.26	×	◎
埼玉県	埼玉県環境影響評価条例	1995 (H7).12.1	2013 (H25).3.29	○	×
埼玉県	埼玉県戦略的環境影響評価実施要綱	2002 (H14).4.1	2013 (H25).3.29	○	×
千葉県	千葉県環境影響評価条例	1999 (H11).6.12	2013 (H25).3.1	○	×
千葉県	千葉県計画段階環境影響評価実施要綱	2008 (H20).4.1	2013 (H25).3.29	○	×
東京都	東京都環境影響評価条例	1981 (S56).10.1	2013 (H25).3.29	○	×
神奈川県	神奈川県環境影響評価条例	1999 (H11).6.12	2013 (H25).3.29	×	×
新潟県	新潟県環境影響評価条例	2000 (H12).4.22	2013 (H25).3.29	×	×
富山県	富山県環境影響評価条例	1999 (H11).12.27	2008 (H20).9.29	×	×
石川県	ふるさと石川の環境を守り育てる条例	2004 (H16).4.1	2012 (H24).3.26	×	×
福井県	福井県環境影響評価条例	1999 (H11).6.12	2012 (H24).12.20	◎	◎
山梨県	山梨県環境影響評価条例	1999 (H11).6.12	2013 (H25).3.28	×	×
長野県	長野県環境影響評価条例	1999 (H11).6.12	2007 (H19).7.17	×	×
岐阜県	岐阜県環境影響評価条例	1996 (H8).4.1	2012 (H24).12.26	×	×
静岡県	静岡県環境影響評価条例	2000 (H12).4.1	2012 (H24).3.23	×	×
愛知県	愛知県環境影響評価条例	1999 (H11).6.12	2012 (H24).7.6	◎	×
三重県	三重県環境影響評価条例	1999 (H11).6.12	2005 (H17).10.21	×	×
滋賀県	滋賀県環境影響評価条例	1999 (H11).6.12	2013 (H25).3.29	◎	◎
京都府	京都府環境影響評価条例	1999 (H11).6.12	2013 (H25).12.27	×	×
大阪府	大阪府環境影響評価条例	2000 (H12).4.1	2013 (H25).3.27	×	×
兵庫県	環境影響評価に関する条例	1998 (H10).1.12	2013 (H25).3.22	×	×
奈良県	奈良県環境影響評価条例	1999 (H11).12.21	2013 (H25).10.11	◎	×
和歌山県	和歌山県環境影響評価条例	2000 (H12).7.1	2012 (H24).12.28	×	○
鳥取県	鳥取県環境影響評価条例	1999 (H11).6.12	2013 (H25).3.26	◎	◎
島根県	島根県環境影響評価条例	2000 (H12).4.1	2012 (H24).10.1	◎	◎
岡山県	岡山県環境影響評価等に関する条例	1999 (H11).6.12	2008 (H20).9.26	×	○
広島県	広島県環境影響評価に関する条例	1999 (H11).6.2	2012 (H24).12.25	×	×
山口県	山口県環境影響評価条例	1999 (H11).6.12	2013 (H25).3.19	◎	◎
徳島県	徳島県環境影響評価条例	2001 (H13).1.6	—	×	×
香川県	香川県環境影響評価条例	1999 (H11).6.12	2013 (H25).3.22	◎	◎
愛媛県	愛媛県環境影響評価条例	1999 (H11).6.12	2012 (H24).10.23	×	×
高知県	高知県環境影響評価条例	2000 (H12).4.1	2013 (H25).12.27	×	×
福岡県	福岡県環境影響評価条例	1999 (H11).12.23	2013 (H25).3.29	◎	◎
佐賀県	佐賀県環境影響評価条例	2000 (H12).8.1	2013 (H25).3.25	◎	○
長崎県	長崎県環境影響評価条例	2000 (H12).4.18	2014 (H26).3.31	◎	◎
熊本県	熊本県環境影響評価条例	2001 (H13).4.1	2011 (H23).3.23	×	×
大分県	大分県環境影響評価条例	1999 (H11).9.15	2013 (H25).3.29	◎	◎
宮崎県	宮崎県環境影響評価条例	2000 (H12).10.1	2000 (H12).12.22	×	○
鹿児島県	鹿児島県環境影響評価条例	2000 (H12).10.1	2013 (H25).3.29	×	×
沖縄県	沖縄県環境影響評価条例	2001 (H13).11.1	2013 (H25).3.30	◎	◎

注 配慮書手続 ◎：条例改正により配慮書手続を導入　○：既に計画段階手続を有する
　　　　　　　×：配慮書手続はない（条例未改正の県も含む）
　　風力発電所 ◎：条例改正により対象事業として風力発電所を新設　○：既に対象事業としている
　　　　　　　×：風力発電所を対象事業としていない

● 第5章　環境影響評価条例の制度と運用

関する制度を実施している。

　都道府県における条例については、環境影響評価法の制定及び全面施行（1999（平成11）年6月）を受けて、具体的な施行時期は1999年から2001年の間に集中している。ただし、一部の自治体では法制度の制定の以前から条例を制定し運用してきた団体も存在する。東京都（1981（昭和56）年施行）や埼玉県（1995（平成7）年施行）、岐阜県（1996（平成8）年施行）などである。

　2011（平成23）年4月の環境影響評価法の改正に伴い、47都道府県のうち39団体が条例改正に踏み切っている。2014年3月の調査時点で法改正にも関わらず条例改正を行っていない団体は富山、石川、長野、三重、岡山、徳島、熊本、宮崎の8県である。また、政令指定都市では札幌、仙台、千葉、川崎、横浜、名古屋、京都、大阪、神戸、広島、北九州、福岡、さいたま、堺、新潟の15市で環境影響評価条例が制定・施行されている。今般の法改正にともないこれら15市はすべて条例改正を実施している。

(2)　法改正にともなう環境影響評価条例の主な改正点の動向

　都道府県の環境影響評価条例を中心に、2011年4月の法改正にともなう条例の改正の具体的内容をみていこう。法律と条例との関係は、前述したように、大きく対象事業、評価項目、手続面といった3つの側面からとらえることができる。このうち、今回の条例改正では、主に対象事業の追加と手続面の改正が行われており、この点について整理する。

　第1に、対象事業に関して、今回の法制度の改正では、事業種の「発電所」の項において新たに「風力発電所」が追加された。これは、法律本文ではなく、法律施行令の一部改正により新規に追加されたものであり、2012（平成24）年10月より施行されている。

　この改正を受けて、都道府県条例でも新たに19団体が風力発電所を制度の対象とし、以前からの7団体（条例未改正の県も含む）と合わせると、合計26団体で対象事業となっている。政令指定都市15市でも、条例改正により9団体で新規に対象となり、対象済みの2団体と合わせて11団体で対象としている。

　　高槻市、枚方市、尼崎市と、要綱による港区、伊丹市の計6団体である。

3　都道府県等における環境影響評価条例の概要

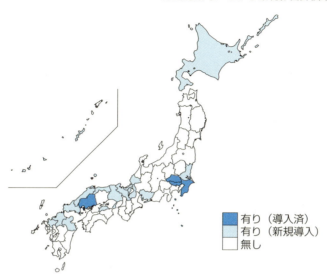

図5-2　法改正にともなう環境影響評価条例における配慮書制度の導入状況

　第2に、手続面に関して、今回の法改正の重要な論点の1つは、事業計画の早期の段階から環境配慮を組み込む「配慮書手続」が新設されたことである。これについて都道府県では、法制度との整合性の確保等の観点から、条例対象事業に対して配慮書手続を適用するよう条例改正に踏み切った団体が相当数ある。また、方法書段階における説明会の開催等の改善や電子縦覧の実施、事業着手後の環境保全措置状況等を取りまとめる事後調査報告書手続などに関しても、条例改正が行われている。

　まず、配慮書手続では、条例改正の39団体のうち配慮書を新たに規定したのは北海道、茨城県、福井県、滋賀県、鳥取県、福岡県、沖縄県等の17団体である。埼玉県や千葉県、広島県では、以前から条例とは別に「計画段階環境影響評価実施要綱」等で制度を運用しており、東京都は同様に環境影響評価条例の中に「計画段階環境影響評価」を設けて運用してきている。したがって、現時点で要綱方式も含めて計画段階手続を運用している都道府県は全国で21団体である。制定状況を表5-6及び図5-2に示す。この仕組みは、基本的に自治体が実施する公共事業を対象に制度化されており、自ら実施する、または関与する事業について、早期の計画立案段階から環境保全の取組みを徹底する

ことを意図したものである。

　次に、方法書手続における説明会開催等である。法改正では方法書手続に関して事業者による説明会の開催や方法書要約の作成の義務化等が盛り込まれた。都道府県条例においても同様の制度改正が行われており、37団体では条例改正により対象事業に関して方法書説明会を義務化している。また、環境影響評価図書のインターネット利用の公表（電子縦覧）の義務化について、公表対象となる図書は方法書、準備書、評価書等であり、新たに導入された配慮書と報告書についても環境影響評価法施行規制により公表対象に含まれており、留意が必要である。こうしたインターネット公表の仕組みは、都道府県条例では条例改正により37団体が制度化[5]し、1団体（大阪府）は従前より実施している。

　事後調査の報告書制度は、今般の法改正にともない導入された制度であり、事業者に対して事業実施後の環境保全措置や環境状態の把握のための措置の実施状況に関して報告書の作成と公表を義務づける手続である。これは、事業者が評価書に掲げる環境保全措置を着実に実施すること、当初の保全措置にも関わらず予測の不確実性等から環境影響が生じる場合には追加的な保全措置を実施すること等をめざすものであり、環境影響評価の透明性や信頼性の確保と環境配慮の充実に寄与する仕組みである。都道府県では、法制度に先行してこの手続を導入しており、法改正にともない条例改正を実施して手続の強化を図ったのは25団体で、従来からの手続をそのまま実施しているのは22団体であり、47都道府県すべてで制度化している。

4　事業者への主な規制的事項

　環境影響評価条例における事業者への規制的内容は、公害対策における事業活動での排出基準の遵守や特定行為の制限が課せられる大気規制等とは異なり、条例に定める手続に従うことが求められる。その観点からは、環境影響評価制

5　インターネット利用による関連図書の公表について、自治体でも配慮書や事後調査報告書も含めてインターネット利用を義務づけている。例えば北海道環境影響評価条例第3条の11第2項等。

度は「手続規制」[6]と呼ばれることがある。また、事業者には、最終的に取りまとめられる評価書の記載事項、特に環境保全措置の実施について遵守が要求される。

まず事業者に求められる手続等について整理する。求められる手続等は、条例本文の規定に応じて義務事項とされる場合があり、また努力義務にとどまる場合もあるため、具体的な遵守要求のレベルは条例本文を確認する必要がある。

(1) 事業者に課せられる手続等

環境影響評価条例により、事業者に求められる手続等はさまざまあるが、基本的には大きく8つの内容で整理できる。

第1は、配慮書段階である。配慮書の作成、知事等への送付、公告・縦覧、配慮書説明会の開催（説明会は知事が開催することを定める自治体がある）などの手続が求められる。

続いて、方法書段階である。これ以降の評価書までは、すべての47都道府県条例で所定の手続が課せられている。標準的なものとして、配慮書及び配慮書への知事意見等を勘案した方法書の作成、方法書の知事等への送付、方法書の公告・縦覧（知事が公告・縦覧を行う場合がある。以下、準備書と評価書においても同様）、説明会の開催（説明会を知事が開催する場合は説明会への出席。以下、準備書の説明会においても同様）、住民意見の取りまとめなどがある。

次に、準備書段階であるが、基本的な事項は方法書と同じである。事業者として、環境影響評価の実施、準備書の作成、準備書の知事等への送付、準備書の公告・縦覧、説明会の開催、住民意見の概要の取りまとめがある。自治体によっては、事業者に見解書（提出された住民意見に対する事業者の見解を記載した文書）の作成と知事への送付、見解書に対する住民意見の取りまとめ、住民意見等の知事への送付等を追加的に定めている場合がある。

第4に、評価書段階である。標準的な手続として、準備書及び準備書への知事の意見等を勘案した評価書の作成、評価書の知事等への送付、知事意見を受けての評価書の補正、評価書（評価書が補正された場合は補正評価書）の公告・

---

6 環境影響評価制度の「手続規制」に対して、排出基準の遵守を求め、それに違反した場合には罰則を科する公害対策の排出規制は「直接規制」と呼ばれる。

縦覧がある。

　第5に、事業者は、配慮書から評価書公告までの間で対象事業の内容等を大きく修正しようとする場合には（事業規模の縮小、軽微な修正等に該当する場合は除く）、必要な手続を再実施すること、対象事業を廃止する場合には知事に通知すること等が求められる。

　第6に、事業者は、対象事業の許認可等が行われる場合には、その権限を有する者によって、評価書（評価書の補正がある場合には補正評価書）の記載事項を勘案して許認可等を受ける。事業者は、評価書に記載されているところにより、環境保全について配慮することが求められる。

　第7に、事業着手後及び供用後における手続である。許認可等を経て、事業に着手する際には着手の届出が、また事業完了の際には完了の届出が必要である。また、事後調査報告書の規定が設けられている場合には、これに関する手続があり、事業の着手後に事後調査報告書の作成と知事への送付、報告書の公告・縦覧（知事が公告・縦覧を行う場合がある）などが求められる。

　最後の第8として、ここまで一連の手続に加えて、事業者には知事への届出や報告等にともなう関連手続も要求される。例えば、自治体制度によってはスクリーニング手続を設けている場合があり、事業者はこれに係る知事への届出が求められる。また、条例施行の必要な範囲で、知事は職員に立ち入り・現地調査を行わせたり、報告・資料の徴収を行わせたりすることができ、事業者はこれに従うことが求められる。さらに、環境影響評価図書の縦覧等に際して、事業者は紙媒体での公表及び縦覧に加えてインターネット利用によるウェブサイトへの掲載も要求される。知事等への必要書類や図書の送付に際しては、書面とともに電子的記録媒体もあわせて提出することが求められる場合がある。

(2) 求められる手続等に対する強制的手段

　事業者に求められる上記のような手続等に関して、環境影響評価条例では、その遵守を担保するための強制的な手段として、一般的に次の2つの措置が盛り込まれている。

　第1は、手続等の不遵守に対する是正手段である。配慮書や方法書、準備書等の提出を行わなかった場合や、準備書、事後調査報告書等において虚偽の記

載を行った場合、また事業着手の制限に反して手続を完了する前に事業着手した場合などがある。これらに関して、条例にもとづき、まず知事による是正等の勧告が行われる。さらに、その勧告に従わない場合には、氏名等の公表の措置が規定されている。

なお、川崎市条例では、上記のような氏名等の公表の措置のほか、対象事業であるにも関わらず所定の届出手続を行なわなかった場合、また着手制限にもかかわらず事業に着手した場合には、10万円以下の罰金が科せられる規定がある。手続の遵守に強い強制力を付与している。

第2の強制的手段として、対象事業の許認可等に際しての審査である。環境影響評価法第33条では、対象事業について許認可権限を有する者は、その審査に際し、評価書の記載事項にもとづき事業の環境保全について適正な配慮がなされているかを審査しなければならないと定めている。評価書の記載事項にしたがい環境保全の観点から審査が行われ、その結果を踏まえて必要な条件が付されることがあり、評価書に記載された環境保全の内容が担保される仕組みである。条例制度においても、これと同様に、許認可等に際して審査結果への反映の規定を設けて評価書の記載事項について事業者の遵守を確保する手段としている。

5　環境影響評価条例の事例

本項では、自治体レベルの環境影響評価制度の事例として、手続面で比較的整っている北海道条例と沖縄県条例の2つを取り上げる。

(1)　北海道環境影響評価条例

北海道は、わが国ではもっとも早い時期に環境影響評価に関する条例を制定した自治体の1つであり、環境影響評価の法制度の整備に先駆けて1978（昭和53）年に北海道環境影響評価条例を制定した。以後、開発事業の実施にともなう環境影響について、調査・予測・評価等の環境アセス手法を通じて良好な地域環境の保全を確保してきた。その後、1997（平成9）年の環境影響評価法

の制定を受けて、1998年に条例を全面改正して新条例として1999年6月に施行した。さらに、2011（平成23）年の環境影響評価法の改正にともない、法制度と整合を図る等の観点から、2013（平成25）年3月に条例の一部改正を実施し、新たに配慮書手続の導入、方法書段階の説明会開催、インターネット利用の環境影響評価図書の公表、風力発電所の対象事業への追加等を盛り込み、同年10月1日から施行している。

条例の対象事業は、国道や林道等の道路整備、ダム等の河川事業、鉄道の建設、発電所建設など16種類である。スクリーニング規定を設けており、必ず対象とする第1種事業と、それに準じて環境影響の程度が著しいものとなるおそれがあるかを個別に判定する第2種事業に区分し、第2種事業は第1種事業の規模要件の50％以上を対象としている。また、特別地域として自然環境保全法等で自然環境保全が必要として指定された区域等において、道路事業や水力発電所建設は、規模要件を切り下げて対象としている。

手続面では、今回の条例改正により創設された配慮書手続、また従来からの方法書手続、準備書手続、評価書手続があり、事業着手後の事後報告書手続も定められている。

各段階における特徴をみると、丁寧な住民参加の規定が目につく。例えば、準備書段階では、準備書への住民意見の提出を受けた後に、事業者はその意見に対して自らの見解を記載した見解書を作成・公表すること（これについてもインターネット利用の公表が行われる）、見解書に対する再度の住民意見の提出（「道民再意見」という）を受けること、知事は準備書について説明会の開催のほか、環境保全の見地からの住民等の意見を聴く公聴会を開催することなどが挙げられる。また、事後調査についても、事業者による報告書の作成・公表に対して、住民は意見を提出することができ、事業者は、提出された住民意見について意見の概要と自らの見解書を作成し、知事に送付する規定が盛り込まれている。全体に、きめ細かな住民への周知とその意見の反映の仕組みが特徴的である。

以上のような手続面に加えて、北海道条例では、とくに面的に広がる一定地域において複数の開発事業が集中して行われる場合に、総合的に環境影響評価を実施する仕組みを取り入れている点が特徴的である。条例第45条から第54

条までに規定された「特定地域環境評価」と呼ばれる手続である。この規定の適用例として、昭和50年代に実施された苫小牧東部開発計画、石狩湾新港計画の2事例がある。

(2) 沖縄県環境影響評価条例

沖縄県は、周囲が海に囲まれ、豊かな自然環境に恵まれる反面、狭い県土の区域で飛行場建設や海面埋立て等の活発な開発が行われてきた地域であり、開発事業にともなう環境保全は重要な課題の1つとなっている。県では、以前は閣議要綱アセスメントにもとづく環境影響評価の手続を行ってきたが、独自の仕組みとして1992（平成4）年9月に沖縄県環境影響評価規程を策定し、環境影響評価手続の運用を開始した。その後、環境影響評価法の制定にあわせて、1998（平成10）年12月に沖縄県環境影響評価条例を公布し、翌1999年11月に全面施行した。さらに2011（平成23）年4月環境影響評価法の改正を受けて、2013年3月に条例の一部改正を実施し、2014年2月から施行している。

沖縄県条例では、県土が亜熱帯海洋性気候のもとで貴重な動植物が生息する固有の自然環境を有していること、島しょ地域であるため環境容量が小さいことなどを考慮して、対象事業の種類や規模を見直し、自然公園地域等については「特別配慮地域」として規定し、より小さい事業規模から環境影響評価の対象とする制度を取り入れている。条例改正では、配慮書手続の導入、方法書手続の改善、図書のインターネット利用、風力発電所の追加、事後調査報告書の公表などが実施されている。

県条例の対象事業は、国道等の道路事業、ダム等の河川事業、スポーツ・レクリエーション施設など20種類である。とくに、河川事業に含まれる砂防ダム、畜産農業施設、養殖場の建設、廃棄物処理施設、防波堤の建設など、地域特性を反映して独自の事業種を設定している点が特徴である。

また、事業の実施場所に応じて規模要件に区分を設けており、「特別配慮地域」では「一般地域」の50％の規模要件とするなど小規模なものまで対象事業としている。例えば土地区画整理事業は、一般地域では30ha以上の要件に対して、国立公園特別地域等の自然環境の保全上特に配慮が必要とされる特別配慮地域では15ha以上を対象としている。なお、沖縄県条例では、北海道条

● 第5章　環境影響評価条例の制度と運用

例と異なりスクリーニング規定は採用されていない。

　手続面では、条例改正により新設された配慮書手続に加えて、従来からの方法書、準備書、評価書の手続があり、さらに事業の実施後の事後報告書手続も定められている。例えば、事業実施後の報告書手続では、事業者は、事後調査を実施して事後調査報告書を作成し、知事に送付するとともに、報告書を30日間縦覧に供する。知事は、事後調査報告書について、審査会の意見を聴いて事業者に環境保全について必要な措置を講ずるよう求めることができる。

　沖縄県条例では、事業者に対する強制的手段として、先に述べたように、対象事業について許認可等の権限を有する場合には、許認可等の審査に際して評価書の記載事項について配慮する旨を定めている。また、事業者が手続を行わない等の不遵守がある場合には、知事が勧告し、勧告に従わない場合には氏名等の公表の規定を設けている。

　以上の2つの事例に示すように、都道府県の環境影響評価制度は、対象事業の種類および規模要件、主な手続の流れと手続の構成、手続への強制的手段など、共通的な部分もあるが、具体的な事項や求められる取組み内容は自治体によって異なる個所も多い。制度の運用・適用に際しては、立地場所の自治体の条例制度について担当部局に問い合わせるなど、的確な情報収集が必要である。

〔田中　充〕

⑥ 公害防止条例の制度と運用

Q. メーカーに勤務しているFさんは、最近、環境部に異動になった。ある日、自社の排出水の水質に係る排水基準に関して確認していたところ、自治体によっては法令より厳しい規制を課していることがわかった。新任のため、たくさんの法令を理解しなければならず、さらに自治体の環境規制までも調べるとなると、さらに時間がかかりそうだ。Fさんは何からはじめればよいのだろうか。

A. 企業は、環境法令違反があってはならないため、日頃から環境対策に万全を期すのは重要なことである。Fさんのように多くの企業の環境担当者は、自社に適用される法令を調べてそれを遵守する重要な仕事を担っている。環境担当者にとっては、業務遂行上、膨大な法令があるため、すべてを把握するのは難しいことではあるが、「規制を知らなかった」では決して済まされない。

環境規制に関する法令には、国が制定している環境関連の法律に加えて、自治体ごとに定めている公害防止条例や生活環境保全条例等の条例制度がある。法律については、「環境六法」等の文献は入手しやすく、環境法令が一覧できるよう網羅されているので、便利である。自治体条例による規制については、自治体ごとに例規集やホームページで確認するしかないが、不明点が出てきたら、自治体の関係窓口にも問い合わせをして、着実に確認していくことが必要である。

● 第6章　公害防止条例の制度と運用

I　公害防止に関する条例制度

1　公害防止対策の取組み

(1)　典型7公害

環境基本法第2条第3項により、「公害」は、「環境の保全上の支障のうち、事業活動その他の人の活動に伴って生ずる相当範囲にわたる①大気の汚染、②水質の汚濁、③土壌の汚染、④騒音、⑤振動、⑥地盤の沈下、⑦悪臭によって、人の健康又は生活環境に係る被害が生ずること」と定義されている。この①か

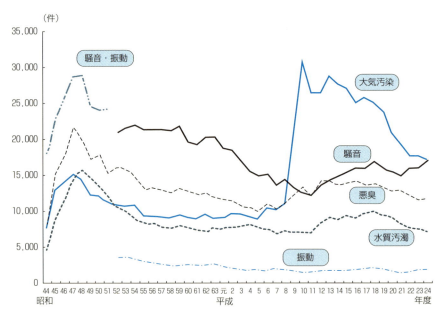

注1）「土壌汚染」及び「地盤沈下」は苦情件数が少ないため、表示していない。
注2）「騒音」と「振動」は、昭和51年度以前の調査においては、「騒音・振動」としてとらえていた。
注3）平成6年度から調査方法を変更したため、件数は不連続となっている。
注4）平成22年度の調査結果には、東日本大震災の影響により報告の得られなかった地域（青森県、岩手県、宮城県及び福島県内の一部市町村）の苦情件数が含まれていない。
出典：公害等調整委員会「平成24年度公害苦情調査」

図6-I-1　典型7公害の種類別苦情件数の推移

ら⑦までの事象が「典型7公害」といわれており、一般的には、大気汚染、水質汚濁、土壌汚染、騒音、振動、地盤沈下、悪臭と表記される。

1950年代半ば以降の高度経済成長期により、生活が豊かになっていった反面、四大公害に代表されるように人の健康被害をもたらす激甚な公害問題が発生し、深刻化していった。それらに対応するため、1967（昭和42）年に公害対策基本法が制定され、1970（昭和45）年の「公害国会」では、公害対策に関する様々な法律が制定された。これらの動きに前後して、全国の地方自治体においても公害防止に関する条例が次々と制定された。

公害等調整委員会「平成24年度公害苦情調査」[1]によると、2012（平成24）年度の典型7公害の苦情件数は54,377件（公害苦情件数の68.0%）である。典型7公害の苦情件数を種類別にみると、「大気汚染」が16,907件（典型7公害の苦情件数の31.1%）と最も多く、次いで「騒音」が16,714件（同30.7%）、「悪臭」が11,519件（同21.2%）、「水質汚濁」が7,129件（同13.1%）、「振動」が1,858件（同3.4%）、「土壌汚染」が229件（同0.4%）、「地盤沈下」が21件（同0.0%）となっている。

（2）環境基準の設定

公害対策基本法を継承した環境基本法第16条第1項において、「政府は、大気の汚染、水質の汚濁、土壌の汚染及び騒音に係る環境上の条件について、それぞれ、人の健康を保護し、及び生活環境を保全する上で維持されることが望ましい基準を定める」とあり、告示で「環境基準」が①大気の汚染、②水質の汚濁、③土壌の汚染、④騒音に関して定められている。また、ダイオキシンに関しては、ダイオキシン類に着目して包括的に環境基準[2]が定められている。これらの環境基準は、人の健康の保護と生活環境の保全の上で維持されることが望ましい基準として数値で定められるもので、環境対策を進めていく際の

---

1 平成25年11月29日公害等調整委員会「平成24年度公害苦情調査」http://www.soumu.go.jp/main_content/000261043.pdf（2014年7月31日確認）

2 ダイオキシン類対策特別措置法第7条の規定に基づき「ダイオキシン類による大気の汚染、水質の汚濁（水底の底質の汚染を含む。）及び土壌の汚染に係る環境基準」が定められている。

「行政上の政策目標」として位置づけられている。

　環境基準は全国一律で定められている基準もあるが、地域の特性等に応じて2つ以上の類型を設けて、それぞれの類型に当てはめる地域または水域が指定される場合がある。例えば、水質汚濁（特に生活環境項目）に係る環境基準や、騒音に関する環境基準は、こうした区分された類型にもとづき、地域や水域の当てはめが行われ、環境基準値が定められている。それぞれの類型を地域または水域に当てはめて指定する権限については、環境基本法第16条第2項に定める政令[3]により、地域または水域が属する都道府県知事または市長に委任されている。このため、「騒音に係る環境基準の地域の類型を当てはめる地域の指定」（宮城県）、「航空機騒音に係る環境基準の地域の類型の指定」（茨城県）等のように、知事または市長は環境基準に定められている地域の類型を各々の自治体の地域に当てはめる（指定する）ことを行い、「告示」という形で公表される。

（3）　公害防止計画

　「公害防止計画」とは、公害の著しい地域[4]について、公害防止に関する施策を総合的かつ計画的に実施するため、都道府県知事が策定する地域計画のことである。環境基本法第17条において、知事は環境基本計画を基本として公害防止計画を作成することができる、と定められている。

　さらに、公害防止計画の一部を構成する、公害の防止に関する事業に係る国の財政上の特別措置に関する法律（公害財特法）にもとづく計画を「公害防止対策事業計画」といい、国の負担または補助の割合の嵩上げ、地方債の適債事業[5]の拡大等の財政上の特別措置が講じられることとなっている。対象事業は、

3　「環境基準に係る水域及び地域の指定の事務に関する政令」（平成5年11月19日政令第371号）最終改正：平成23年11月28日政令第364号

4　①現に公害が著しく、かつ、公害の防止に関する施策を総合的に講じなければ公害の防止を図ることが著しく困難であると認められる地域、②人口および産業の急速な集中その他の事情により公害が著しくなるおそれがあり、かつ、公害の防止に関する施策を総合的に講じなければ公害の防止を図ることが著しく困難になると認められる地域、のいずれかに該当する地域をいう。

5　自治体の地方債券発行の対象として認められる事業、公営企業への出資金・貸付金の財源、災害対策事業などがある。

①下水道の設置または改築、②しゅんせつ等、③農用地における客土等、④ダイオキシン類土壌汚染対策である。都道府県知事が公害財特法にもとづく財政上の特別措置を受けようとする場合には、公害防止対策事業計画の環境大臣同意を求めて協議することになっている。2012（平成24）年4月1日現在[6]、21地域（18都府県121市町村（106市5町10特別区））において公害防止計画が作成されている。

2　公害防止に関する条例の制定

　47都道府県において、公害防止に関する条例（以下、「公害防止関連条例」という）が制定されている（表6-Ⅰ-1参照）。ここで取り上げる条例は、典型7公害（大気汚染、水質汚濁、土壌汚染、騒音、振動、地盤沈下、悪臭）に関して何らかの措置や規定を定めている条例である。

　これら条例の特徴は3種類に分類でき、第1に、北海道、宮城県、富山県、山口県等のように、公害防止に特化した「公害防止条例型」がある。これらの条例は、公害問題が社会問題化している最中に、自治体が公害防止施策を実行するために制定したものが多く、中には国に先んじた先駆的な取組みも実施された。

　第2に、山形県、埼玉県、奈良県、熊本県等のように、公害よりも幅広い「生活環境の保全」の概念で公害規制をとらえ、廃棄物処理、化学物質管理、自治体によっては地球温暖化対策等も含めている「生活環境の保全型」がある。愛知県のように、従前の公害防止条例を大幅に改正して生活環境保全条例に拡張した自治体もある。

　第3に、東京都、石川県、京都府、兵庫県等のように、公害防止や生活環境の保全という概念にとどまらず、自然保護等も含めた環境保全施策の全体のなかで公害規制を位置づけている「総合環境保全条例型」がある。岩手県や石川県、京都府等のように「環境を守り育てる」「県民の健康で快適な生活」等といった柔らかいイメージをもつ条例名がみられる。

6　環境省HPより（http://www.env.go.jp/policy/kihon_keikaku/kobo/）

● 第 6 章　公害防止条例の制度と運用

表 6-Ⅰ-1　47 都道府県の公害防止関連条例

自治体名	条例名	制定年
北海道	北海道公害防止条例	1971（昭和 46）年
青森県	青森県公害防止条例	1972（昭和 47）年
岩手県	県民の健康で快適な生活を確保するための環境の保全に関する条例	2013（平成 25）年
宮城県	公害防止条例	1971（昭和 46）年
秋田県	秋田県公害防止条例	1971（昭和 46）年
山形県	山形県生活環境の保全等に関する条例	1970（昭和 45）年
福島県	福島県生活環境の保全等に関する条例	1996（平成 8）年
茨城県	茨城県生活環境の保全等に関する条例	2005（平成 17）年
栃木県	栃木県生活環境の保全等に関する条例	2004（平成 16）年
群馬県	群馬県の生活環境を保全する条例	2000（平成 12）年
埼玉県	埼玉県生活環境保全条例	2002（平成 14）年
千葉県	千葉県環境保全条例	1995（平成 7）年
東京都	都民の健康と安全を確保する環境に関する条例	2000（平成 12）年
神奈川県	神奈川県生活環境の保全等に関する条例	1997（平成 9）年
新潟県	新潟県生活環境の保全等に関する条例	1971（昭和 46）年
富山県	富山県公害防止条例	1970（昭和 45）年
石川県	ふるさと石川の環境を守り育てる条例	2004（平成 16）年
福井県	福井県公害防止条例	1996（平成 8）年
山梨県	山梨県生活環境の保全に関する条例	1975（昭和 50）年
長野県	公害の防止に関する条例	1973（昭和 48）年
岐阜県	岐阜県公害防止条例	1968（昭和 43）年
静岡県	静岡県生活環境の保全等に関する条例	1998（平成 10）年
愛知県	県民の生活環境の保全等に関する条例	2003（平成 15）年
三重県	三重県生活環境の保全に関する条例	2001（平成 13）年
滋賀県	滋賀県公害防止条例	1972（昭和 47）年
京都府	京都府環境を守り育てる条例	1995（平成 7）年
大阪府	大阪府生活環境の保全等に関する条例	1994（平成 6）年
兵庫県	環境の保全と創造に関する条例	1996（平成 8）年
奈良県	奈良県生活環境保全条例	1996（平成 8）年
和歌山県	和歌山県公害防止条例	1971（昭和 46）年
鳥取県	鳥取県公害防止条例	1971（昭和 46）年
島根県	島根県公害防止条例	1970（昭和 45）年
岡山県	岡山県環境への負荷の低減に関する条例	2001（平成 13）年
広島県	広島県生活環境の保全等に関する条例	2003（平成 15）年
山口県	山口県公害防止条例	1972（昭和 47）年
徳島県	徳島県生活環境保全条例	2005（平成 17）年
香川県	香川県生活環境の保全に関する条例	1971（昭和 46）年
愛媛県	愛媛県公害防止条例	1969（昭和 44）年
高知県	高知県公害防止条例	1970（昭和 45）年
福岡県	福岡県公害防止等生活環境の保全に関する条例	2002（平成 14）年
佐賀県	佐賀県環境の保全と創造に関する条例	2002（平成 14）年
長崎県	長崎県未来につながる環境を守り育てる条例	2008（平成 20）年
熊本県	熊本県生活環境の保全等に関する条例	1969（昭和 44）年
大分県	大分県生活環境の保全等に関する条例	1999（平成 11）年
宮崎県	みやざき県民の住みよい環境の保全等に関する条例	2005（平成 17）年
鹿児島県	鹿児島県公害防止条例	1971（昭和 46）年
沖縄県	沖縄県生活環境保全条例	2008（平成 20）年

3　公害防止に関する条例の基本的事項

(1) 条例の構成

公害防止関連条例は、いくつかの章立てになっており、最初の章は「総則」として、条例の目的や用語の定義、都道府県の役割等が規定されている。また、環境基本法に定める「公害防止計画」を知事が策定することを定めている条例もある。

次いで、個別の章では、公害現象別に規制措置が定められており、その後、「罰則」「雑則」が規定されている。規制の適用を受ける対象や具体的な要件の設定等については、条例を施行するための規則に定められる場合が多く、条例本文と規則をあわせて読んでいくことが重要である。

これらの規制内容や対象等の要件によって、自治体独自の上乗せ規制や横出し規制、裾出し規制がある。また、条例や規則において知事が定める事柄や具体的な規制値等については告示に委ねられている。条例と規則、告示については、概ね自治体の例規集に登載されているので、あわせて確認する必要がある。

なお、地域特性があることから、都道府県の公害防止関連条例は、必ずしも典型7公害すべてにわたって規定があるわけではない。例えば、地盤沈下に関する規制は、山形県や熊本県等のように、水源保護条例や地下水保全に関する条例に規定している自治体もある。

(2) 都道府県から市への権限委譲

地方分権を進める政策措置[7]の施行に伴い、騒音、振動、悪臭に係る規制地域の指定は、都道府県から市への権限移譲がなされている。2012（平成24）年4月1日より、騒音、振動、悪臭に係る区域内の規制地域の指定、規制基準の設定の権限は、市長に委任された（なお、特別区の場合は区長が行う）。したがって、都道府県知事が定める規制地域と規制基準は、都道府県内の市の区域以外の町村のエリアとなっている。

---

[7] 地域の自主性及び自立性を高めるための改革の推進を図るための関係法律の整備に関する法律（平成23年法律第105号）の施行に伴う措置

4　事業者の責務と義務的事項の規制

　事業者の責務については、多くの条例で、都道府県が実施する公害防止に関する施策への協力、公害防止に最大限努力すること、公害の発生源になるものに対する監視、技術開発に努めること等が規定されている。責務規定は、対象者に遵守義務が生じる。したがって、責務規定は、罰則が適用されないものの、その規定を守らなければ条例違反となる。

　事業者への規制については、条例や規則で具体的な義務的事項として規定されている。条例や規則に該当する事業者は、その対応が厳格に求められる上、行政命令を受けた場合の手順等も規定されており、それらに違反した場合は罰則が適用されることがある。このため、法律だけではなく、条例および規則にも十分に留意する必要がある。なお、行政命令や罰則の適用については、条例ではなく、法律で罰せられる可能性もあることにも留意されたい。

　以下、本章では、大気汚染、水質汚濁、土壌汚染、騒音、振動、地盤沈下、悪臭の典型7公害に関する具体的施策について述べることとする。

［小清水宏如］

Ⅱ 大気汚染防止に係る規制対策

1 大気汚染問題の広がりと大気汚染防止法の制定

　大気汚染は、工場の操業や自動車の運行のために必要な燃料を燃焼させる際に、現状の技術では必ず生じる現象である。日本では、明治期から鉱山や工場の周辺を中心に住民から被害の訴えがあり、国・地方を問わず行政機関による取り締まりが求められ、対策の内容もそれに応じて変化してきた。

　特に、戦後の復興期には、①各地で大気汚染等の公害が発生し、被害が生じているにもかかわらず、国レベルでの対策が遅れたこと、②地方自治体がそれぞれ地域の実情に応じた対策を検討してきたこと、の2点を背景に、地方が主導する形で1949（昭和24）年の東京都公害防止条例や1950（昭和25）年の大阪府事業所公害防止条例などが実施されてきた。しかし、これらの先駆的な取組みは、自治体の規制権限の限界や政府の経済政策の方針もあり、十分に効果を上げるに至らなかった。

　その後、1968（昭和43）年に大気汚染防止法が制定・施行され、ばい煙、揮発性有機化合物および粉じんなどの排出規制が導入され、自動車排出ガスの許容限度を定める内容を含む本格的な規制が始まった。その後、1970（昭和45）年のいわゆる公害国会（第64回）で同法は改正され、同法の目的は、大気汚染に関して、国民の健康を保護するとともに、生活環境を保全することなどとなっている。

　現在の大気汚染防止規制の概略は以下の通りである。まず、国全体で最低限守られるべき環境基準が、環境基本法にもとづき、大きく8種の汚染物質について設定されている（**表6-Ⅱ-1**参照）。これらの環境基準を達成することを目標として、大気汚染防止法にもとづき、工場や事業場などの固定発生源から排出および飛散する大気汚染物質の管理について、物質の種類ごと、さらに施設の種類・規模ごとに、許容限度となる排出基準等が定められ、その基準を遵守するよう規制措置が取られる仕組みとなっている。

表6-Ⅱ-1　大気汚染に関する環境基準：環境基本法にもとづく告示

① 二酸化硫黄（SO_2）の1時間値の1日平均値が0.04ppm以下であり、かつ、1時間値が0.1ppm以下であること
② 一酸化炭素（CO）の1時間値の1日平均値が10ppm以下であり、かつ、1時間値の8時間平均値が20ppm以下であること
③ 浮遊粒子状物質（SPM）の1時間値の1日平均値が0.10mg/m^3以下であり、かつ、1時間値が0.20mg/m^3以下であること
④ 二酸化窒素（NO_2）の1時間値の1日平均値が0.04ppmから0.06ppmまでのゾーン内又はそれ以下であること
⑤ 光化学オキシダントの1時間値が0.06ppm以下であること
⑥ ベンゼン等（トリクロロエチレン、テトラクロロエチレン、ジクロロメタン） ベンゼン：1年平均値が0.003mg/m^3以下であること。 トリクロロエチレン：1年平均値が0.2mg/m3以下であること。 テトラクロロエチレン：1年平均値が0.2mg/m^3以下であること。 ジクロロメタン：1年平均値が0.15mg/m^3以下であること。
⑦ ダイオキシン類の1年平均値が0.6pg-TEQ/m^3以下であること
⑧ 微小粒子状物質の1年平均値が15μg/m^3以下であり、かつ、1日平均値が35μg/m^3以下であること

表6-Ⅱ-2　大気汚染防止法にもとづくばい煙の排出基準

一般排出基準	ばい煙発生施設ごとに国が定める基準
特別排出基準	大気汚染の深刻な地域において新設されるばい煙発生施設に適用されるより厳しい基準
上乗せ排出基準	一般・特別排出基準では大気汚染防止が不十分な地域において、都道府県が条例で定めるより厳しい基準
総量規制基準	上記の施設ごとの基準のみでは環境基準の確保が困難な地域で、大規模工場に適用される工場ごとの基準

注：「ばい煙」とは、物の燃焼等に伴い発生する硫黄酸化物、ばいじん（いわゆるスス）、有害物質①カドミウム及びその化合物、②塩素及び塩化水素、③弗素、弗化水素及び弗化珪素、④鉛及びその化合物、⑤窒素酸化物をいう。

2　大気汚染防止法にもとづく排出規制

(1) 規制の対象物質

　大気汚染防止法では、工場や事業場といった固定発生源から排出または飛散

する大気汚染物質について、物質の種類ごと、施設の種類・規模ごとに排出基準が定められており、大気汚染物質の排出者はこの排出基準を守らなければならない。同法の規制をまとめると、表6-Ⅱ-3のようになる。

表6-Ⅱ-3　大気汚染防止法の規制概要

規制対象物質		対象施設・作業の種類	設置者の義務等	規制措置等
ばい煙	硫黄酸化物	ばい煙発生施設	・設置届、構造等の変更届（工事着手60日前まで） ・使用届（規制対象となった日から30日以内） ・氏名等変更届、使用廃止届、承継届（30日以内） ・ばい煙量等、VOC濃度の測定、記録 ・排出基準等の遵守 ・事故時の応急措置および復旧措置（ばい煙発生施設のみ）	【届出】 ・実施の制限 ・計画変更命令等 【排出基準等】 ・排出の制限 ・改善命令等 ・事故時の措置命令
	ばいじん（スス）			
	有害物質（5種）			
VOC	揮発性有機化合物	揮発性有機化合物排出施設		【届出】 ・実施の制限 ・計画変更命令等 【排出基準等】 ・改善命令等
粉じん	一般粉じん	一般粉じん発生施設	・設置届、変更届（事前届） ・使用届（規制対象となった日から30日以内） ・氏名等変更届、使用廃止届、承継届（30日以内） ・構造等の基準の遵守	【構造等の基準】 ・基準適合命令等
	特定粉じん（石綿）	特定粉じん発生施設	・設置届、構造等の変更届（工事着手60日前まで） ・使用届（規制対象となった日から30日以内） ・氏名等変更届、使用廃止届、承継届（30日以内） ・敷地境界線における大気中の特定粉じんの濃度の測定、記録 ・敷地境界基準の遵守	【届出】 ・実施の制限 ・計画変更命令等 【規制基準】 ・改善命令等
		特定粉じん排出等作業	・排出作業実施届（作業の14日前まで） ・作業基準の遵守	【届出】 ・計画変更命令 【作業基準】 ・基準適合命令
特定物質	特定物質（28物質）	特定施設（ばい煙発生施設以外のもの）	・事故時の応急措置および復旧措置	・事故時の措置命令

（出典：長野県資料、三重県資料から抜粋）

規制対象となる物質として、大きく分けて4種が定められている。第一は「ばい煙」である。これには物の燃焼に伴い発生する硫黄酸化物（二酸化硫黄等）、ばいじん（いわゆるスス）、その他の有害物質が含まれる。その他の有害物質とは、①カドミウム（化合物を含む）、②塩素及び塩化水素、③弗素、弗化水素および弗化珪素、④鉛（化合物を含む）、⑤窒素酸化物（二酸化窒素等）の5項目である。

第二は揮発性有機化合物（VOC）である。これは揮発性を有し、大気中で気体状となる有機化合物の総称であって、トルエン、キシレン、酢酸エチル等多種多様な物質が含まれる。揮発性有機化合物は、浮遊粒子状物質や光化学オキシダントの原因の一つであることから、規制を含めた対策がとられている。

第三は粉じんである。これは、物を破砕したりたい積させたりすることにより発生し、または飛散する物質を指している。同法では、人の健康に被害を生じさせるおそれのある物質を特定粉じん、それ以外の粉じんを一般粉じんとして規定しており、特定粉じんには現在、石綿が指定されている。

第四は特定物質である。これは大気汚染防止法施行令第10条に定められた28物質で、アンモニア、弗化水素、シアン化水素、一酸化炭素、ホルムアルデヒド、メタノール、硫化水素、燐化水素、塩化水素、二酸化窒素、アクロレイン、二酸化硫黄、塩素、二硫化炭素、ベンゼン、ピリジン、フエノール、硫酸（三酸化硫黄を含む）、弗化珪素、ホスゲン、二酸化セレン、クロルスルホン酸、黄燐、三塩化燐、臭素、ニッケルカルボニル、五塩化燐、メルカプタンである。

(2) 規制の対象施設

規制の対象となる施設の種類・規模については、ボイラーや溶鉱炉をはじめとする33の種類ごとに、一定規模以上の施設が「ばい煙発生施設」として定められている。例えば、ボイラーについては伝熱面積10 ㎡以上、またはバーナーの燃料燃焼能力が重油換算50リットル／h以上の施設が規制対象とされている。

同様に、VOCについては揮発性有機化合物排出施設、一般粉じんについては一般粉じん発生施設、特定粉じんについては、特定粉じん発生施設、または

特定粉じん排出等作業が規制対象施設（作業）として定められており、特定物質については、ばい煙発生施設以外のものが特定施設として規制対象となっている。

都道府県によっては、上記の一定規模の要件を引き下げることで、規制対象施設を広げる規定がある。これについては、横出しと呼んでいる場合が多い。第1章の記述に沿えば、裾出しと呼ぶこともできる。

(3) 規制の手法

表6-Ⅱ-2から明らかなように、排出基準が定められている物質はばい煙とVOCのみである。その他、一般粉じんについては施設構造等の基準、特定粉じん発生施設については敷地境界基準、特定粉じん発生作業については作業基準が定められ、その遵守が求められている。

排出基準には、表6-Ⅱ-3のように4通りの基準がある。表中の上乗せ排出基準は、大気汚染防止法に基づいて都道府県にその設定が委任されているものであり、大気汚染や水質汚濁（6-Ⅲ章参照）等の分野では、地方自治体が設定するより厳しい基準を法律があらかじめ前提としている。

この具体的な条文は、大気汚染防止法第4条において「都道府県は、当該都道府県の区域のうちに、その自然的、社会的条件から判断して、ばいじん又は

表6-Ⅱ-4 大気汚染防止法の規制内容と知事の権限

規制の内容	ばい煙規制	揮発性有機化合物	粉じん規制
排出制限（刑罰有）、改善命令・使用停止命令	○	—	—
基準遵守義務、改善命令・使用停止命令	—	○	—
基準遵守、基準適合命令・使用停止命令	—	—	○
設置・変更の届出、計画変更命令	○	○	○
測定義務、立入検査	○	○	○
事故時の措置	○		
事業者の責務	○		
緊急時の措置	○	○	—

注：下線の命令、検査等は都道府県知事の権限に属する。

● 第6章 公害防止条例の制度と運用

表6-Ⅱ-5 大気汚染防止法にもとづく上乗せ規制の有無と対象

都道府県	上乗せ規制の有無	ばいじん	カドミウム（化合物）	塩素・塩化水素	フッ素等	鉛（化合物）	窒素酸化物
北海道	×						
青森県	○						
岩手県	○	○					
宮城県	×						
秋田県	○		○		○	○	
山形県	×						
福島県	○		○	○	○	○	
茨城県	○			△ 塩化水素のみ	○		
栃木県	○			○	○		
群馬県	○	○		○	○		
埼玉県	○			△ 塩化水素のみ	○		
千葉県	○	○	○	○	○	○	
東京都	○	○					○
神奈川県	○		○	○	○	○	
山梨県	×						
長野県	×						
岐阜県	×						
静岡県	×						
愛知県	○	○	○	○	○	○	
三重県	○	○		○	○	○	
新潟県	○	○			○		
富山県	○	○	○		○		
石川県	×						
福井県	×						
滋賀県	○	○	○	○		○	
京都府							
大阪府	○						
兵庫県	○	○	○	○	○	○	
奈良県	○						
和歌山県	○	○	○	○	○	○	○
鳥取県	×						
島根県	×						
岡山県	○		○		○	○	○
広島県	○			○	○	○	
山口県	×						
徳島県	○	○		○			
香川県	○	○					
愛媛県	○	○		△ 塩素のみ	○		
高知県	×						
福岡県	○	○					
佐賀県	×						
長崎県	×						
熊本県	○			○			
大分県	×						
宮崎県	○	○					○
鹿児島県	○	○					
沖縄県	○	○	○	○	○		

注：フッ素等は「弗素、弗化水素及び弗化珪素」

有害物質に係る前条第一項又は第三項の排出基準によつては、人の健康を保護し、又は生活環境を保全することが十分でないと認められる区域があるときは、その区域におけるばい煙発生施設において発生するこれらの物質について、政令で定めるところにより、条例で、同条第一項の排出基準にかえて適用すべき同項の排出基準で定める許容限度よりきびしい許容限度を定める排出基準を定めることができる」とされている。この規定が効力を持つためには、都道府県は条例で上乗せ排出基準を定めること、上乗せ排出基準を適用する区域の範囲を明らかにすること、当該都道府県知事から前もって環境大臣に通知することが求められる。

この規定を受け、47都道府県のうち8団体において、例えば「大気汚染防止法に基づく排出基準を定める条例」のような名称で、上乗せ排出基準が設定されている（表6-Ⅱ-4参照）。このような名称の条例は栃木県、群馬県、神奈川県、新潟県、富山県、愛知県、三重県、岡山県で確認された。

ばい煙の他、揮発性有機化合物、粉じんについても具体的な規制内容を検討してみると、大気汚染物質の排出に関して、基準値が守られていない場合の改善命令や汚染物質を排出する施設の停止命令は都道府県知事等の権限とされている（表6-Ⅱ-5参照）。このように、大気汚染規制において、都道府県の役割は大きくなっており、知事等は、排出基準違反の物質を継続して排出するおそれがあると認められる場合には、その排出者に対し、有害物質の処理方法の改善や一時使用停止を命令することができる。

(4) 罰則の内容

上記の規制に違反すると、どのような罰則があるのだろうか。大気汚染防止法では、これらの施設を所有する大気汚染物質排出者は前に述べた国の排出基準を守らなければならない。さらに、各都道府県における上乗せ規制があれば、それらを遵守することも求められる。

仮に、法規制に違反した場合、例えば「ばい煙発生施設」の計画変更命令や一時停止命令、改善命令に従わない場合は、1年以下の懲役または100万円以下の罰金に処される規定（法第33条）となっている。その他の違反では、6月以下の懲役または50万円以下の罰金、3月以下の懲役・禁錮または30万円以

● 第6章　公害防止条例の制度と運用

下の罰金、10万円以下の過料といった罰則が規定されている。

3　上乗せ・横出し規制の実態

　都道府県による上乗せ・横出し規制の実態を表6-Ⅱ-4に整理する。全国の状況をみると、前に述べた上乗せ排出基準条例を定めたり、公害防止条例にもとづく施行規則において対象となる施設規模や有害物質、規制基準が定められたりしている。主な有害物質ごとに、都道府県における上乗せおよび横出しの実態について、地図で示した（図6-Ⅱ-1～3参照）。

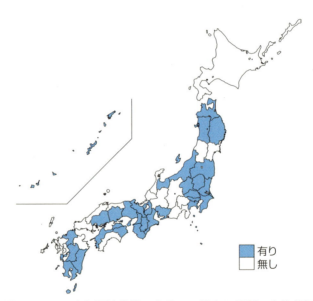

図6-Ⅱ-1　大気汚染物質の上乗せ・横出し規制の実施状況

Ⅱ　大気汚染防止に係る規制対策

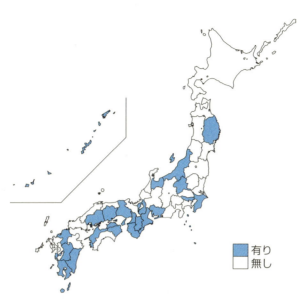

図6-Ⅱ-2　ばいじんの上乗せ・横出し規制の実施状況

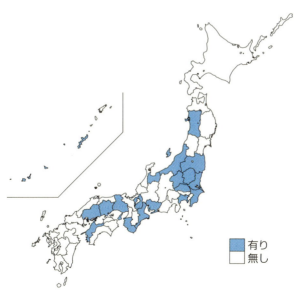

図6-Ⅱ-3　フッ素等の上乗せ・横出し規制の実施状況

● 第 6 章　公害防止条例の制度と運用

4　事業者への規制と罰則のポイント

　各県の公害防止条例において、最も上乗せ・横だし規制（以下、上乗せ規制等と略）が導入されているのが多いのは「ばいじん」である。全47都道府県中23都府県が上乗せ規制等を導入していた。

　次に上乗せ規制等が導入されているのが多いのは「フッ素等」である。全47都道府県中19都県が上乗せ規制等を導入している。フッ素等の上乗せ規制等は、東日本で比較的多く、地方別にみると、関東、中部地方や太平洋・日本海・瀬戸内海の沿岸部の自治体に集中している。

　3番目に上乗せ規制等が導入されているのが多いのは「塩素／塩化水素等」である。全47都道府県中17都府県が上乗せ規制等を導入している。塩素と塩化水素の上乗せ規制等は基本的にセットで行われているものが多いが、一部の県では塩素のみ、あるいは塩化水素のみの上乗せ規制等となっている。地方別にみると、北海道はなく、東北や四国九州での上乗せ規制等は少なく、関東、中部、中国地方の沿岸部に集中している。

　4番目に上乗せ規制等が導入されているのが多いのは、鉛化合物を含む「鉛」である。全47都道府県中13府県が上乗せ規制等を導入している。甲信越地方や四国、九州での上乗せ規制等はなく、滋賀県を除けば、すべて海洋に面する府県に限定されている。

　5番目に上乗せ規制等が導入されているのが多いのは、カドミウムである。全47都道府県中12府県が上乗せ規制等を導入している。鉛と同じく、甲信越地方や四国、九州での上乗せ規制等はなく、滋賀県を除けば、すべて海洋に面する府県に限定されている。イタイイタイ病の公害を経験した富山県でも上乗せ規制等の対象としている。

　国が上乗せ排出基準を想定するばい煙の中で、もっとも上乗せ規制等の導入が少ないのは、窒素酸化物である。全47都道府県中東京、和歌山、岡山、広島、宮崎の5都県が上乗せ規制等を導入しているにとどまる。

5　条例による大気規制の事例

　三重県生活環境の保全に関する条例の場合、規制対象物質として、ばい煙に含まれる有害物質の指定が大気汚染防止法では窒素酸化物、カドミウム等の6項目に対して、三重県条例では13項目と細分化されている。追加されている物質は、アセトアルデヒド、ホルムアルデヒド、一酸化炭素、五酸化バナジウム、硫酸、スチレン、フタル酸ビス、エチレンオキサイド、ダイオキシン類である。

　三重県のなかでも四日市市周辺については特に、工場以外の事業場に設置されるばい煙発生施設、揮発性有機化合物排出施設、特定粉じん発生施設が規制対象となっている。また、四日市市及びその近隣町では、ばい煙発生施設に適用されるばいじんの上乗せ排出基準が、塩素、塩化水素、フッ素・フッ化水素・フッ化ケイ素について設定されている。

　工場・事業場が集中している地域については、三重県は独自に窒素酸化物の総排出量規制を導入している。これは、環境基準を確保するため、地域に排出される窒素酸化物の総量を規制する制度である。

　裾出し規制としては、例えば33種のばい煙発生施設のうち10種について、法より小規模の施設が「ばい煙に係る指定施設」として規制対象になっている。

　具体的な罰則としては、条例が指定する施設の計画変更命令、改善命令に違反した場合は1年以下の懲役または30万円以下の罰金、基準に適合しないばい煙を排出した場合や事故時の措置命令、炭化水素系物質及び粉じんに係る指定施設の基準適合命令に違反した場合は6月以下の懲役または30万円以下の罰金、ばい煙に係る指定施設等の設置の届出や構造等の変更の届出を怠ったり、虚偽の届出をした場合は3月以下の懲役または20万円以下の罰金、ばい煙に係る指定施設の設置等の実施の制限に違反した場合や立入検査を拒んだり、妨害した場合は10万円以下の罰金、と定められている。

　東京都の都民の健康と安全を確保する環境に関する条例の場合、汚染物質ごとに、大気汚染防止法が定めている規制のほかに、燃料基準（硫黄酸化物の場合）、濃度規制の上乗せ基準（ばいじん、窒素酸化物の場合）、集じん装置設置義務（ばいじんの場合）など各種の規制が組み合わされて適用されている。

●第6章　公害防止条例の制度と運用

　例えば、硫黄酸化物に関しては、大気汚染防止法は排出規制と総量規制（特別区23及び周辺5市）を定めているが、条例は、さらに1日300リットル以上の液体燃料を使用する工場・指定作業場において、地域区分と燃料使用量によって詳細に設定された燃料中硫黄分の基準を満たす燃料を使用することを定めている。

　また、ばいじんに関しては、濃度規制の上乗せ基準に加え、固体燃焼ボイラー、金属加熱炉、廃棄物焼却炉等の施設においては、サイクロン、バグフィルター、電気集じん装置といった集じん装置の設置を義務づけている。窒素酸化物についても、濃度規制の上乗せ基準が定められている。排出される大気を希釈すると、汚染物質の総量は変わらないのに、見かけ上の濃度が減少することから、ばいじんや窒素酸化物の濃度規制の上乗せ基準は、実測濃度による規制（法）ではなく、標準酸素濃度に換算して基準値と比較する手法が取り入れられている。

　条例違反に対する罰則としては、計画変更命令や改善命令、認可の取消しや事故時の措置命令に違反した場合は1年以下の懲役または50万円以下の罰金と、三重県条例よりも罰金額は高くなっている。また、工場設置の認可を得ないで創業した場合は50万円以下の罰金が科せられる。

　　　　　　　　　　　　　　　　　　　　　　　　　　　　［増原直樹］

Ⅲ　水質汚濁防止に係る規制対策

1　水質問題の広がりと水質汚濁防止法等の制定

　戦後復興にともなう急激な工業化の進展等を背景に、各地で水質汚濁問題が発生した。1950年前半の神通川下流域の富山県婦中町（現、富山市）で顕在化したイタイイタイ病、1956（昭和31）年に公式発見された熊本県水俣市等の水俣病、1958（昭和33）年に発生した東京都江戸川区の製紙工場排水による江戸川漁業被害事件などである。こうした水質汚濁の深刻化を受けて、1958（昭和33）年に「公共用水域の水質の保全に関する法律」（水質保全法）と「工場排水等の規制に関する法律」（工場排水規制法）が制定され、水質二法と呼ばれた。しかし、これらは、指定水域を個々に定め、規制内容に徹底を欠いていたため、実効ある工場排水対策を行うことができず、1960年代の阿賀野川流域の新潟水俣病や四日市湾の水質問題の発生を招く結果となった。

　そこで1970（昭和45）年の「公害国会」において、それまでの水質二法を廃止して新たに「水質汚濁防止法」が制定された。この法律は、1970（昭和45）年12月に公布、1971（昭和46）年6月に施行され、工場等からの排出水に対して体系的な規制措置を実施し、水質環境基準の達成・維持に向けて水質汚濁の未然防止を図ろうとするものである。

　水質汚濁防止法は、その後の水質問題の態様の変化や広がりにあわせて、水質総量規制の導入、生活排水対策の実施、事故時の措置等に関する規制強化など関して法律の一部改正が行われ、今日に至っている。

2　水質汚濁防止法の水質規制

(1)　法の目的

　水質汚濁防止法は、工場・事業場から公共用水域に排出される水の排出および地下に浸透する水の浸透を規制するとともに、生活排水対策の実施を推進すること等により、公共用水域および地下水の水質汚濁の防止を図り、人の健康

を保護し、生活環境を保全すること、ならびに工場等から排出される汚水等に関して人の健康被害が生じた場合における事業者の損害賠償の責任について定めることにより、被害者の保護を図ることを目的とする法律である。

(2) 水質規制の対象

この法律は、水質汚濁物質の発生源である工場等から公共用水域に排出される水と地下に浸透する水を規制の対象としている。有害物質やその他の汚染物を含む汚水等を排出する施設を「特定施設」に指定し、特定施設を設置する工場・事業場を「特定事業場」として規制対象の中心に位置づけている。また、特定施設から排出される汚水または廃液を「汚水等」と、特定事業場から公共用水域に排出される水（汚水等だけでなく生活雑排水、雨水を含む）を「排出水」と規定して、排出水に「排水基準」を適用することにより水質規制が行われる。

排水基準は、排出水に含まれる有害物質による汚染状態（健康項目）と、その他の汚染状態（生活環境項目）に区分して、項目ごとに許容限度としての基準値が定められている。有害物質は、カドミウム、シアン化合物、鉛、六価クロムなど28項目が、また生活環境項目は、水素イオン濃度（pH）、生物化学的酸素要求量（BOD）、化学的酸素要求量（COD）、浮遊物質量（SS）、大腸菌群数など15項目が定められ、許容限度が設定されている（表6-Ⅲ-1参照）。

地下水汚染の防止に関して、特定施設のうち有害物質を製造、使用等するものを「有害物質使用特定施設」とし、この施設を設置する事業場を「有害物質使用特定事業場」と指定している。有害物質使用特定事業場から水を排出する者は、有害物質を含む水の地下への浸透が禁止されている。また、有害物質使用特定施設や有害物質の貯蔵等を行う施設（「有害物質貯蔵指定施設」という）の設置者に対し、施設の構造基準が定められ、その遵守が求められている。

(3) 水質規制の枠組みと手法

水質汚濁防止法にもとづく規制の仕組みを図6-Ⅲ-1に示す。水質規制措置の内容として、届出、排水規制、地下浸透規制、事故時の措置、生活排水対策、水質監視等の事項がある。以下、工場等の対策を中心とした水質規制の要点を整理する。

Ⅲ　水質汚濁防止に係る規制対策

表6-Ⅲ-1　水質汚濁防止法の排水基準（全国一律基準）

1　有害物質（健康項目）：全ての特定事業場に適用

有害物質の種類	許容限度
カドミウム及びその化合物	0.1mg/ℓ
シアン化合物	1mg/ℓ
有機燐化合物（パラチオン、メチルパラチオン、メチルジメトン及びEPNに限る。）	1mg/ℓ
鉛及びその化合物	0.1mg/ℓ
六価クロム化合物	0.5mg/ℓ
砒素及びその化合物	0.1mg/ℓ
水銀及びアルキル水銀その他の水銀化合物	0.005mg/ℓ
アルキル水銀化合物	検出されないこと
ポリ塩化ビフェニル	0.003mg/ℓ
トリクロロエチレン	0.3mg/ℓ
テトラクロロエチレン	0.1mg/ℓ
ジクロロメタン	0.2mg/ℓ
四塩化炭素	0.02mg/ℓ
1,2-ジクロロエタン	0.04mg/ℓ
1,1-ジクロロエチレン	1mg/ℓ
シス-1,2-ジクロロエチレン	0.4mg/ℓ
1,1,1-トリクロロエタン	3mg/ℓ
1,1,2-トリクロロエタン	0.06mg/ℓ
1,3-ジクロロプロペン	0.02mg/ℓ
チウラム	0.06mg/ℓ
シマジン	0.03mg/ℓ
チオベンカルブ	0.2mg/ℓ
ベンゼン	0.1mg/ℓ
セレン及びその化合物	0.1mg/ℓ
ほう素及びその化合物	海域以外 10mg/ℓ　海域 230mg/ℓ
ふっ素及びその化合物	海域以外 8mg/ℓ　海域 15mg/ℓ
アンモニア、アンモニウム化合物亜硝酸化合物及び硝酸化合物	（＊）100mg/ℓ
1,4-ジオキサン	0.5mg/ℓ

（＊）　アンモニア性窒素に0.4を乗じたもの、亜硝酸性窒素及び硝酸性窒素の合計量。
備考
1．「検出されないこと。」とは、第2条の規定にもとづき環境大臣が定める方法により排出水の汚染状態を検定した場合において、その結果が当該検定方法の定量限界を下回ることをいう。
2．砒（ひ）素およびその化合物についての排水基準は、水質汚濁防止法施行令および廃棄物の処理及び清掃に関する法律施行令の一部を改正する政令（昭和49年政令第363号）の施行の際現にゆう出している温泉（温泉法（昭和23年法律第125号）第2条第1項に規定するものをいう。）を利用する旅館業に属する事業場に係る排出水については、当分の間、適用しない。

2 生活環境項目：1日当たり平均的排出水量 50㎥以上の特定事業場に適用

生活環境項目	許容限度
水素イオン濃度（pH）	海域以外 5.8-8.6　海域 5.0-9.0
生物化学的酸素要求量（BOD）：海域と湖沼以外の水域に適用	160mg/ℓ（日間平均 120mg/ℓ）
化学的酸素要求量（COD）：海域と湖沼に適用	160mg/ℓ（日間平均 120mg/ℓ）
浮遊物質量（SS）	200mg/ℓ（日間平均 150mg/ℓ）
ノルマルヘキサン抽出物質含有量（鉱油類含有量）	5mg/ℓ
ノルマルヘキサン抽出物質含有量（動植物油脂類含有量）	30mg/ℓ
フェノール類含有量	5mg/ℓ
銅含有量	3mg/ℓ
亜鉛含有量	2mg/ℓ
溶解性鉄含有量	10mg/ℓ
溶解性マンガン含有量	10mg/ℓ
クロム含有量	2mg/ℓ
大腸菌群数	日間平均 3000 個/cm3
窒素含有量：環境大臣が定める湖沼と海域、これに流入する水域に適用	120mg/ℓ（日間平均 60mg/ℓ）
燐含有量：環境大臣が定める湖沼と海域、これらに流入する水域に適用	16mg/ℓ（日間平均 8mg/ℓ）

備考
1．「日間平均」による許容限度は、1日の排出水の平均的な汚染状態について定めたものである。
2．この表に掲げる排水基準は、1日当たりの平均的な排出水の量が 50㎥以上である工場または事業場に係る排出水について適用する。
出典：環境省ホームページ「水・土壌・地盤環境の保全」「一律排水基準」に一部加筆
http://www.env.go.jp/water/impure/haisui.html　2014/08/02 確認

① 特定施設の設置等の届出

　工場等から公共用水域に水を排出する者が、特定施設の設置等をしようとするときは、施設工事等の着工日の 60 日前に、所定の事項を都道府県知事（政令で定める市の場合は当該の市長。以下「知事等」という）に届け出る必要がある。2012（平成 24）年 6 月以降は、法の改正により、有害物質使用特定施設および有害物質貯蔵指定施設の設置等をするときも、公共用水域への排出水の有無に関わらず事前に届出が必要である。また、特定施設の使用方法や汚水等の処理方法を変更するときも、事前に届出が必要である。
　このような届出をせず施設の設置等を行う場合や虚偽の届出を行った場合は、罰則の対象となる。

知事等は、届出を受けて、その内容を確認し、当該工場等からの排出水が排水基準と適合しないおそれがあると認めるときは、届出者に対し、施設の使用方法等の変更もしくは処理方法の変更、設置計画の廃止等を命ずることができる。この命令に従わないときは、罰則が科せられる。

② 排 水 規 制

特定事業場から公共用水域に水を排出する者は、排水規制を受ける。排水規制は、全国の特定事業場で適用される「濃度規制」と、指定水域として定められた一部の地域で実施されている「水質総量規制」がある。

a 濃度規制

特定事業場は、事業場の排水口において排水基準に適合する必要がある。排水基準は、排出水の汚染状態についての許容限度をいい、環境省令で定められている（表6-Ⅲ-1）。

この排水基準は、全国の公共用水域を対象とし、全ての特定事業場に対して一律の基準であるため、「一律排水基準」と呼ばれる。このうち、カドミウム等の「有害物質」の排水基準は、排出水の量（排水量）を問わず全特定事業場に適用される。一方、水素イオン濃度等の「生活環境項目」の排水基準は、1日当たり平均排水量が50㎥以上の事業場について適用されるが、排水量50㎥未満の事業場には適用されない。

適用される生活環境項目のうち、BODは河川への排出水に、CODは海域と湖沼への排出水に限り適用される。また、一律排水基準は、原則的に排出水の汚染状態の最大値で定めているが、生活環境項目のBOD等は、最大値と併せて日間平均値も定められているので、注意が必要である。

特定事業場は、排水基準に適合することが求められ、これに違反するときは、直ちに罰則が科せられる直罰規定がある。知事等は、排水基準に適合しない排出水を排出するおそれがあると認めるときは、排出者に対し、特定施設の使用方法等や汚水等の処理方法の改善を命じ、または施設の使用等の一時停止を命ずることができる。

また、排出者は、排出水の汚染状態を測定し、その結果を記録・保存することが求められる。

● 第6章　公害防止条例の制度と運用

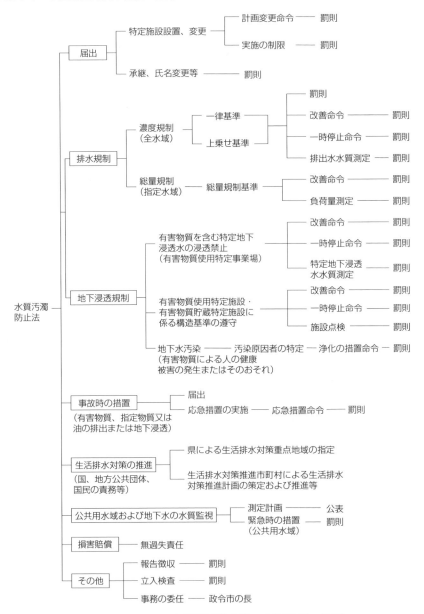

図6-Ⅲ-1　水質汚濁防止法の規制措置の体系

出典：千葉県「環境」「水質汚濁防止法のてびき」に一部加筆
https://www.pref.chiba.lg.jp/suiho/haisui/koujou/noudo/index.html 2014/0802

b　水質総量規制

　水質総量規制は、産業の集中、人口の急増等により水質汚濁の著しい広域的な閉鎖性水域を対象とし、環境基準の確保を図るため、流入する沿岸部および上流部の指定地域における生活排水等を含めた汚濁負荷の総量を計画的に削減することを目的として、1978（昭和53）年に水質汚濁防止法の改正により導入された。規制対象となる指定水域として東京湾、伊勢湾、瀬戸内海の3水域を対象とし、指定項目として化学的酸素要求量（COD）、窒素含有量、りん含有量について実施されている。

　法では、特定事業場のうち指定地域内にある日平均排水量50 m^3 以上の「指定地域内事業場」が対象となり、その排出水のうち間接冷却水を除いた特定排出水の汚濁負荷量（負荷量＝排水濃度×排水量）について総量規制基準が適用される。知事等は、指定地域内事業場の特定排出水が総量規制基準に適合しないおそれがあると認めるときは、設置者に対し、汚水等の処理方法の改善等を命ずることができる。知事等の命令に従わないときは、罰則が科せられる。ただし濃度規制と異なり、基準に違反した場合の直罰規定は設けられていない。

　指定地域内事業場は、定期的に特定排出水の汚濁負荷量を測定し、結果を記録しておく必要がある。

③　地下浸透規制

　地下水汚染の未然防止を図るため、地下浸透規制が強化されている。規制の対象として、有害物質使用特定施設と有害物質貯蔵指定施設があり、これらを設置しようとする者は、工事着手の60日前に施設等の設置について届け出る必要がある。施設等の変更の場合も同様の届出が必要である。

　これらについて、知事等は、届出の内容が施設の構造等の基準（構造基準）に適合しないと認めるときは、施設の構造・設備、使用方法の計画の変更、計画の廃止等を命ずることができる。

　有害物質使用特定施設を設置した有害物質使用特定事業場は、有害物使用特定施設に係る汚水等を含む特定地下浸透水について有害物質が検出された場合は、その水を地下に浸透させることが禁止される。知事等は、有害物質使用特定事業場が有害物質を含む水を地下に浸透させるおそれがあると認めるときは、

設置者に対し、施設の使用方法や汚水等の処理方法の改善を命じ、または施設の使用等の一時停止を命ずることができる。

2011（平成23）年の法改正により、有害物質使用特定施設と有害物質貯蔵指定施設について、2012（平成24）年6月より施設の構造等に係る規制が実施されている。有害物質使用特定施設等では、施設の床面や周囲、配管、排水溝、地下貯蔵施設等について構造等に関する基準（構造基準）の遵守が求められ、また基準に準じた定期点検を実施し、記録を保存すること等が定められている。知事等は、有害物質使用特定施設等が構造基準に適合していないと認めるときは、設置者に対し、施設の構造・設備、使用方法の改善を命じ、または施設の使用等の一時停止を命ずることができる。

また、知事等は、特定事業場（有害物質使用特定事業場を含む）または有害物質貯蔵指定施設を設置した工場等において、有害物質を含む水が地下に浸透し人の健康に被害が生じる、またはそのおそれがあると認めるときは、特定事業場等の設置者に、地下水の水質浄化の措置を命ずることができる。

④ 事故時の措置

特定事業場において施設の破損等が発生し、有害物質や指定物質、油等を含む汚水等が排出された場合には、応急の措置を講じ、環境汚染の拡大防止を図る必要がある。事故時の措置に関して対策強化を図るため、2011（平成23）年4月の法改正の施行により指定物質（2014年時点で56物質）が追加された。事故時において、設置者は、汚水等の排出防止のための応急措置を実施するとともに、事故の状況および講じた措置の概要を知事等に届け出る必要がある。

知事等は、設置者が応急措置を講じていないと認めるときは、応急措置を実施するよう命ずることができる。

⑤ 汚染状態等の測定および水質監視

特定事業場を設置する者は、排出水または地下浸透水の汚染状態を測定し、結果を記録・保存しておく必要がある。また、総量規制基準が適用される指定地域内事業場から排出水を排出する者は、あらかじめ汚濁負荷量の測定手法について知事等に届出を行うとともに、排出水の負荷量を測定し、結果を記録・保存しておく必要がある。

有害物質使用特定施設または有害物質貯蔵指定施設を設置している者は、有害物質使用特定施設等について定期的に点検し、結果を記録・保存しておく必要がある。

知事等は、特定事業場または有害物質貯蔵指定施設の設置者に対し、特定施設または有害物質貯蔵指定施設の状況、汚水等の処理の方法など必要な事項に関し報告を求め、または職員に特定事業場等に立ち入り、特定施設等を検査させることができる。

(4) 規制の担保措置——事業者の違反に対する罰則

水質汚濁防止法では、排出水の排水基準の遵守に対する違反、特定施設の設置等に係る違反、知事等による行政命令（計画変更命令、改善命令、一時停止命令、浄化措置命令など）に対する違反、排出水の汚染状態の記録・保存等の違反、汚濁負荷量の記録・保存等の違反、施設の点検・記録等の違反、立入検査の忌避、虚偽の報告等に対して、懲役または罰金の罰則を科すことが定められている。最も重大な罰則は、行政命令に対する違反であり、懲役1年以下または罰金100万円以下が科せられる。このほか、違反の内容に応じて、懲役6月以下または罰金50万円以下、懲役3月以下または罰金30万円以下等が規定されている。

排出水の排水基準の遵守違反については、懲役6月以下または罰金50万円以下という重い罰則が定められ、特に排水基準の違反に対して直ちに罰則が適用される「直罰方式」がとられている。これは、違反行為に対する直罰規定により、排水基準の遵守を強く促す措置とみることができる。また、排水基準の遵守の違反が過失の場合であっても、3月以下の禁錮または30万円以下の罰金が規定されている。

排水基準は、特定施設を設置している工場または事業場、すなわち「特定事業場」の排出水を対象として適用される。したがって、特定事業場の排出水は、特定施設以外の施設からの排水も含まれ、全体として排水規制の対象となる。排出水が排水基準に適合しているか否かの判断は、排水口ごとに行われる。

これら一連の違反に対する罰則は、いわゆる両罰規定が適用される。行為者を罰するほか、法人等に対しても罰金刑が科されることが特徴である。

比較的軽易な違反として、氏名変更等の届出、地位承継の届出、汚濁負荷量測定手法の届出に関する違反については、過料10万円以下が科せられる。

3 法と条例との関係──条例の対象範囲

都道府県の水質保全行政は、水質汚濁防止法に定める水質規制を根幹とし、必要に応じて、法に掲げる全国一律の水質保全対策を補足しながら、地域固有の課題に対応するために、公害防止条例や生活環境保全条例を制定し、地域特性を踏まえた施策を実施している。

以下では、法と条例との関係で、横出し規制、上乗せ規制等の手法について整理する。

(1) 法の規定にもとづく条例規制の範囲

水質汚濁防止法第29条は、法律と条例との関係について「地方公共団体が、次に掲げる事項に関し条例で必要な規制を定めることを妨げるものではない」とし、以下の規定を設けている。

① 排出水について、第2条第2項第2号に規定する項目によって示される水の汚染状態以外の水の汚染状態（有害物質によるものを除く。）に関する事項。
② 特定地下浸透水について、有害物質による汚染状態以外の水の汚染状態に関する事項。
③ 特定事業場以外の工場または事業場から公共用水域に排出される水について、有害物質および第2条第2項第2号に規定する項目によって示される水の汚染状態に関する事項。
④ 特定事業場以外の工場または事業場から地下に浸透する水について、有害物質による水の汚染状態に関する事項。

一般に、国の公害法令により規制対象となっていない工場・事業場や規制項目について、地方公共団体が条例により規制を行うことを「横出し規制」とい

う。上記の①と②は、法対象の事業場からの排出水または地下浸透水に対する「規制項目の横出し」を定めたものである。また③と④は、法対象の事業場以外の工場等について水質規制を拡大する「対象施設の横出し」とみることができる。

また、規制対象施設の拡大を行う手法として、法の対象施設であるが適用除外となっている事業場に対し、規制を適用することが行われる。例えば、生活環境項目の排水基準は、法規制では1日当たり平均排水量50㎥以上の事業場に適用される。しかし、この対象範囲を拡大して、例えば平均排水量10㎥/日以上の事業場に対して規制基準を適用することは可能であり、これは「裾出し規制」と呼ばれる。

事例として滋賀県公害防止条例では、食料品製造業の事業場に対して日平均排水量10㎥～30㎥の事業場の排出水にはBOD排水基準100mg/ℓが、30㎥～50㎥の事業場にはBOD70mg/ℓが適用される。大阪府条例でも、日平均排水量30㎥～50㎥の事業場の排出水に対し、条例で定める排水基準が適用される。このように、法律で対象とする施設より規模の小さいものを規制対象とする「裾出し規制」も行われている。

参考までに、環境省調査では、2012（平成24）年3月末現在の水質汚濁防止法にもとづく全国の特定事業場の数は263,175である。このうち1日平均排水量50㎥以上の特定事業場は30,089（11.4％）で、排水量50㎥未満は233,086であり、排水量50㎥未満の小規模事業場は件数としては大多数を占めている。

都道府県は、法律の規定に反しない範囲で、公害防止条例や生活環境保全条例等を制定して、事業者に対する水質規制を実施することができる。その規制の内容は、上記に述べたように、対象施設の横出しや裾出し、項目の横出し等の観点から制度化している状況がある。

法第29条の規定に関して、2つの点について注意が必要である。1つは、規制の策定主体は「地方公共団体」と明記しており、都道府県に限らず政令指定都市や中核市等にも制定権限を認めていることである。もう1点は、「条例で必要な規制を定める」と記し、要綱等ではなく条例によって規制を制定することを求めている点であり、留意が必要である。

(2) 排水基準に係る上乗せ基準の制定

① 上乗せ規制・上乗せ基準の概念と位置づけ

　法の特定事業場の排出水に適用される「排水基準」は、排出水の汚染状態について全国一律の基準値として環境省令で定めている。しかし、法の規定では、こうした国の一律排水基準では、人の健康を保護し、生活環境を保全することが十分でない区域があるときは、都道府県は、条例で、国の基準に代えてより厳しい排水基準を定めることができるとしている。

　具体的に法第3条第3項は「都道府県は、当該都道府県の区域に属する公共用水域のうちに、その自然的、社会的条件から判断して、第1項の排水基準によっては人の健康を保護し、又は生活環境を保全することが十分でないと認められる区域があるときは、その区域に排出される排出水の汚染状態について、政令で定める基準に従い、条例で、同項の排水基準にかえて適用すべき同項の排水基準で定める許容限度よりきびしい許容限度を定める排水基準を定めることができる」と規定する。このように、都道府県が国の一律基準に代えて定める厳しい基準を「上乗せ基準」といい、こうした方式を「上乗せ規制」と呼ぶ。

　上乗せ規制は、水質汚濁防止法のほか大気汚染防止法、騒音規制法等でも行われている。上乗せ規制は、国が定めた規制基準値よりも厳しい基準値を定めて適用することが本来の意味であるが、これを狭義の考え方として、広義には対象施設の範囲を国が定め範囲より小規模なものにまで広げる場合（施設の裾出し）や、国が定める規制項目以外の項目を追加する場合（項目の横出し）も含めて、規制内容を強化することを「上乗せ規制」ということがある。

　特に重要な点として、上乗せ規制により条例で定められる上乗せ基準は、法の一律基準に代えて、当該地域で適用される法の基準であることに注意が必要である。すなわち、上乗せ基準は、法第3条第1項で規定する全国基準に代わる、地域で適用される法定基準であり、条例で定められるものの、この遵守違反に対しては、条例規定への違反ではなく、法律への違反として罰則が適用される。

② 上乗せ規制の実施状況

　法第3条第3項の規定にもとづく上乗せ排水基準は、すべての都道府県にお

表6-Ⅲ-2　都道府県における有害物質の上乗せ排水基準の例

単位：排出水1リットルにつきミリグラム（mg/ℓ）

種　類	全国一律基準	千葉県上乗せ基準	神奈川県上乗せ基準 水道水源地域
カドミウム化合物	0.01	0.01	検出されないこと
シアン化合物	1	検出されないこと	0.5
有機燐化合物	1	検出されないこと	検出されないこと
鉛化合物	0.1	0.1	0.05
六価クロム化合物	0.5	0.05	0.05
砒素化合物	0.1	0.05	0.01
水銀及びアルキル水銀 その他水銀化合物	0.005	0.0005	－
ポリ塩化ビフェニル	0.003	検出されないこと	
ふっ素化合物	海域：15 海域以外：8	10	0.8

※神奈川県の欄の「－」は、上乗せ基準が設定されていないことを示す。
出典：環境省ホームページ、千葉県ホームページ「例規集」、神奈川県ホームページをもとに作成。

いて定められている（表6-Ⅲ-2、表6-Ⅲ-3参照）。上乗せ排水基準は、一律基準が定められている有害物質と生活環境項目について設定することが可能であり、その基準値は、地域の状況に応じて都道府県が独自に定めることができる。上乗せ基準を定める条例の名称についても、「水質汚濁防止法に基づく排水基準を定める条例」（栃木県、千葉県）、「大気汚染防止法第4条第1項の規定による排出基準及び水質汚濁防止法第3条第3項の規定による排水基準を定める条例」（神奈川県）、「水質汚濁防止法第3条第3項の規定による排水基準を定める条例」（大阪府）のように、都道府県でさまざまである。

　表6-Ⅲ-3は、上乗せ基準の生活環境項目のうち、全国で共通的に設定されるBOD等について整理したものであり、自治体ごとに基準値の水準が大きく異なることがみて取れる。上乗せ基準値は、一般的に、業種・施設の別、新設・既設の別（法施行時にすでに設置されていた施設を「既設」、その後に新たに設置された施設を「新設」と呼び、区別する）、排水量規模の大小、排水先の水域（水道原水に利用される水質保全水域から海域まで）等により、異なる基準値が設定されることが一般的である。表に示す基準値は、都道府県が定める排水基準

表6-Ⅲ-3　都道府県における生活環境項目の上乗せ排水基準の例

単位：排出水1リットルにつきミリグラム（mg/ℓ）

団体名	BOD	COD	SS	団体名	BOD	COD	SS
一律基準値	160	160	200	三重県	25	25	90
北海道	40	40	40	滋賀県	15	15	60
青森県	30	30	40	京都府	25	25	90
岩手県	25	20	−	大阪府	15	15	15
宮城県	20	20	20	兵庫県	20	20	30
秋田県	30	30	70	奈良県	25	−	90
山形県	25	−	50	和歌山県	10	10	40
福島県	10	−	20	鳥取県	−	−	−
茨城県	15	15	15	島根県	−	−	−
栃木県	25	25	50	岡山県	15	15	40
群馬県	25	25	50	広島県	90	15	65
埼玉県	25	−	60	山口県	20	−	40
千葉県	10	10	20	徳島県	20	20	30
東京都	15	15	10	香川県	10	10	15
神奈川県	5	5	10	愛媛県	−	15	45
新潟県	20	60	25	高知県	25	50	20
富山県	15	25	25	福岡県	15	15	25
石川県	30	30	90	佐賀県	30	30	70
福井県	30	30	40	長崎県	25	25	50
山梨県	20	20	50	熊本県	20	20	60
長野県	30	−	50	大分県	−	15	15
岐阜県	25	−	40	宮崎県	25	25	40
静岡県	10	15	15	鹿児島県	20	−	40
愛知県	25	25	30	沖縄県	20	−	20

※記載の基準値は、各都道府県が定める基準値のうち最高限度（最も厳しい数値）として設定されたものを記載している。
※鳥取県・島根県は「日間平均値」のみ上乗せ基準が設定されている。
※上乗せ基準が設定されていない項目は「−」で示す。
出典：都道府県ホームページから作成。

値のうち最も厳しい（数値として最も低い）基準値を示している。

　例えば、千葉県の上乗せ基準では、食料品製造業・皮革製造業・と畜業および洗びん施設からの排出水に関して、日平均排水量500㎥未満の事業場で既設のものは80 mg/ℓ、新設は25 mg/ℓの基準値であり、排水量500㎥以上の事業場では既設25 mg/ℓ、新設10 mg/ℓの基準値が定められており、一律でな

い点に留意が必要である。

　表6-Ⅲ-2は、有害物質に係る上乗せ排水基準の設定の例である。有害物質の一律排水基準は28項目について定められているが、千葉県ではそのうちカドミウム、シアン、鉛等の9項目について、神奈川県では水銀やポリ塩化ビフェニルは設定されておらず、7項目について、上乗せ排水基準が定められている。有害物質は人の健康被害に関わる項目であるため、その排水基準は全国のすべての特定事業場に適用されるが、より厳しい上乗せ基準値は都道府県により異なっており、注意が必要である。

4　条例による水質規制の事例

　ここでは、都道府県条例による水質規制の具体的な手法、内容を紹介する。事例として、1950年代初頭から公害防止に関する条例を制定し、公害規制に取り組んできた神奈川県、大阪府の取組みを取り上げる。

(1)　神奈川県の水質規制
①　公害対策の経過

　神奈川県は、京浜工業地帯の大気汚染、水質汚濁等の産業公害により住民の健康被害や地域環境の悪化が生じたことから、1971(昭和46)年「公害防止条例」を制定した。公害防止条例は、その後、地球温暖化問題や有害化学物質対策等の課題の広がりを踏まえて、1997(平成9)年に「神奈川県生活環境の保全等に関する条例」(以下「神奈川県条例」という)として改正・制定され、翌1998年(平成10)年4月から施行されている。

②　神奈川県条例の水質規制の概要

　神奈川県条例の規制の概要を図6-Ⅲ-2に示す。水質規制を中心とした公害規制に関する神奈川県条例の特徴は、次の点が挙げられる。
　第1に、指定事業所の設置手続にともなう「総合審査許可制」である。これは、公害発生源となる可能性の高い事業活動について、あらかじめ「指定作業」として指定を行い、これを行う事業所を設置する場合に「指定事業所」と

● 第６章　公害防止条例の制度と運用

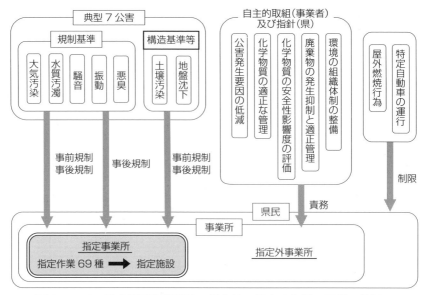

図６-Ⅲ-２　神奈川県生活環境の保全等に関する条例の規制の仕組み

出典：神奈川県ホームページ「神奈川県生活環境の保全等に関する条例」

して許可の対象とする事前規制の手法である。設置許可の検討にあたり、提出される施設計画や公害防止設備計画等をもとに事業活動を公害要素（大気、水質、騒音、化学物質等）間の関連性を踏まえて総合的に審査し、総体として環境に配慮された事業活動が確保されることをめざす内容である。国の環境法令の場合には、大気汚染、水質汚濁、騒音等の現象ごとに規制が実施されるのに対し、神奈川県条例では環境面を総合的に審査して許可が行われる仕組みであり、県ではこれを総合審査許可制としている。

　第２に、公害規制の要である規制基準は、大気、水質、騒音、振動等に設定されており、これらはすべての事業所に適用される。すなわち、規制基準は、指定事業所の事前の設置審査に適用されるとともに、設置後の事業活動への規制基準として適用される。基準に違反した場合には施設の改善等の命令が発せられ、命令に従わない場合には罰則がある。さらに、規制基準は指定外事業所の事業活動に対しても適用される。この場合は、指定外事業所が基準に違反して操業を行い、現に公害が生じている場合には、改善命令等が発せられ、命令

に従わない場合は罰則が科せられる。

　第3は、上乗せ規制および規制項目等の「横出し」による規制強化の実施である。神奈川県では1971（昭和46）年制定の「大気汚染防止法第4条第1項の規定による排出基準及び水質汚濁防止法第3条第3項の規定による排水基準を定める条例」にもとづき上乗せ基準（**表6-Ⅲ-2参照**）を設定している。加えて、県条例による水質項目の横出し規制等を行っている。県条例の規制では、生活環境項目に関し、法定のpHやBOD等の15項目のほかに「外観」「臭気」「ニッケル」を追加して規制項目としている。また、法では特定事業場のうち日排水量50㎥以上が規制対象であるが、県条例では排水量や業種等の区別がなくすべての事業所の排出水を規制対象としている。

　なお、有害物質に関して、神奈川県では水質保全湖沼等の水域、河川、海域などに区分して上乗せ規制の基準値を定めている。とくに水質保全湖沼に排出する製造業等の新設の事業所については、県条例では、有害物質の製造・使用・保管等に係る排出水の排出禁止の措置を規定し、水質保全水域に対する厳格な規制措置を実施している。

（2）　大阪府条例の水質規制
①　公害対策の経過

　大阪府内では、1950（昭和30）年代から臨海部を中心に重化学工業が発達し、大気汚染や工場排水による水質汚濁が顕著となった。その後の都市化の進展等にともない、1960（昭和40）年代後半には光化学スモッグ、営業騒音や廃棄物問題など公害現象が広がった。こうした公害問題に対応するため、府は1971（昭和46）年に「公害防止条例」を制定した。

　その後、公害防止条例を全面的に見直し、公害に関する規制措置や生活環境保全に係る推進施策などを定める「大阪府生活環境の保全等に関する条例」（以下「大阪府条例」という）を1994（平成6）年3月に制定、同年11月から施行した。

　大阪府条例は、2011（平成23年）10月、水質汚濁防止法改正に関連して、事業者が排出水測定結果を記録しなかったり虚偽の記録をした場合に罰則を設けることとし、条例改正が行われている。

● 第6章　公害防止条例の制度と運用

② 大阪府条例の水質規制の概要

　大阪府条例の公害規制の特徴として、次の点が挙げられる。

　第1に、府条例は、大気、水、土壌等を良好な状態に保持することにより、府民の健康の保護と生活環境の保全を図ることを目的とし、大気や水質の保全のほか、自動車公害対策、廃棄物減量対策の推進など、生活環境の保全に係る総合的な施策について規定していることである。公害規制に係る具体的手法として、ばい煙、揮発性有機化合物または粉じんを排出等させるもので、大気汚染の原因となる施設で規則で定めるもの、また、汚水や廃液を排出し、人の健康被害のおそれ、または生活環境に係る被害のおそれとなる物質を排出する施設で規則で定めるものについて、「届出施設」として指定し、届出施設を設置する工場等を「届出事業場」として規制する仕組みである。届出施設を設置しようとする者は、施設の構造、汚水等の処理等に係る資料を事前に届出を行う必要があり、届出事業場の排水口では設定された規制基準に適合することが求められる。

　第2に、有害物質や炭化水素、水質項目など、府域の状況により独自に規制する必要がある項目について、規制措置を実施している点がある。府による公害規制は、特に法規制との重複を整理し、環境の現状や公害防止技術の進展等を踏まえて大気、水質、土壌、騒音等の環境要素ごとに規制措置を定めている。

　以下、水質規制を中心として、大阪府条例の取組みを確認する。府内で排出水に適用される水質規制基準の一覧を表6-Ⅲ-4に示す。府域の工場・事業所は、水質汚濁防止法の対象事業場（特定事業場）には、本来の法にもとづく一律基準（表中のA）に加えて、表中Bで記載する項目については府が上乗せ基準条例で定めた「上乗せ基準」が適用される。さらに、府条例に定める規制項目として「色または臭気」（表中C）が適用され、これは横出し規制に相当する。

　一方、法対象事業場以外の工場等に対して、府条例の対象である届出施設を有する事業場については条例の規制基準（表中D）が適用される。ただし、水質汚濁防止法の対象事業場と府条例の対象事業場について、年間の届出件数で把握すると、法対象事業場に係る設置届出、使用届出、変更届出等で合計1,711件に対し、条例対象事業場に係る設置届出、使用届出、変更届出等は計

Ⅲ　水質汚濁防止に係る規制対策

表6-Ⅲ-4　大阪府における水質規制基準：一律排水基準、上乗せ基準、横出し基準

対象	規制基準と根拠法令	項目		
法対象事業場	A．水質汚濁防止法の基準（一律排水基準） 排水基準を定める環境省令	有害物質　※府域では上水道水源地域以外。海域に排出される排出水のほう素には上乗せ基準を適用する		
		有害物質以外の規制対象項目（生活環境項目）　※窒素含有量、りん含有量を除き府域では上乗せ基準を適用する		
		窒素含有量及び燐含有量の暫定基準		
		ほう素及びふっ素並びにアンモニア、アンモニウム化合物、亜硝酸化合物及び硝酸化合物の暫定基準		
		亜鉛の暫定基準		
		一・四―ジオキサンの暫定基準		
	B．上乗せ基準条例による上乗せ基準 水質汚濁防止法第3条第3項の規定による排水基準を定める条例（1974（昭和49）年制定）	別表	一	上水道水源地域に適用する有害物質
			二	上水道水源地域以外の区域に適用する有害物質（海域に排出される排出水のほう素）
			三	生物化学的酸素要求量及び化学的酸素要求量
			四	浮遊物質量
			五	ノルマルヘキサン抽出物質含有量
			六	その他の項目（水素イオン濃度、フエノール類含有量、銅含有量、亜鉛含有量、溶解性鉄含有量、溶解性マンガン含有量、クロム含有量、大腸菌群数）
		附則別表	第一	ほう素及びふっ素並びにアンモニア、アンモニウム化合物、亜硝酸化合物及び硝酸化合物の暫定基準
			第二	
		亜鉛の暫定基準		
	C．生活環境保全条例の横出し基準 大阪府生活環境の保全等に関する条例施行規則	別表	第十四	色または臭気
条例対象事業場	D．生活環境保全条例の規制基準 大阪府生活環境の保全等に関する条例施行規則	別表第十三	一	有害物質
			二	生物化学的酸素要求量及び化学的酸素要求量
			三	浮遊物質量
			四	ノルマルヘキサン抽出物質含有量
			五	その他の項目
		附則別表	第一	ほう素及びふっ素並びにアンモニア、アンモニウム化合物、亜硝酸化合物及び硝酸化合物の暫定基準

出典：大阪府ホームページ「濃度規制基準一覧表」の資料に一部加筆
http://www.pref.osaka.lg.jp/jigyoshoshido/mizu/mizu-kijyun-2.html　2014年8月10日

64件である(大阪府環境白書2013年「法律及び府条例に基づく特定(届出)施設設置等の許可及び届出状況(平成24年度)」)。水質規制に関しては、法にもとづく届出業務等が大多数を占め、規制対策の中心になっていることが分かる。

[田中　充]

Ⅳ 土壌汚染防止に係る規制・対策

1 土壌汚染問題と法制度の経緯

　わが国における大規模な土壌汚染事件は、明治期の1880年代後半の栃木県の足尾鉱毒事件のほか、1950年代に富山県神通川下流域で被害状況が表面化したイタイイタイ病、1970年代初頭の東京都江東区における六価クロムの不法投棄などが挙げられる。このうち、イタイイタイ病は、当時の三井金属鉱業神岡鉱山における未処理排水によりカドミウムが流出したことが原因であり、流域の農地が汚染され、多大な人的被害を引き起こした公害である。

　この事件を契機に、農作物を土壌汚染から守るために1970年に「農用地の土壌の汚染防止等に関する法律」が制定された。同法は、農用地に限定されるものの、わが国で初めて制定された土壌汚染の防止に関する法律である。

　土壌汚染は、直接的な汚染現象の可視が困難であるという特徴を持っている。特にバブル経済崩壊後の不動産価格の下落により、1990年代後半から、マンション建設の増加や外資系企業による不動産取得等の動きが活発化したことを背景とし、土地売却等に先立ち土壌汚染調査を行う商慣習が広がりをみせ始めた。その結果、工場跡地等において、重金属や有害化学物質による土壌汚染が発覚するなど、各地で問題が顕在化した。このことを受けて、土壌汚染への適切な対策についてルール化の必要性が広く認識されるようになり、2002（平成14）年に土壌汚染対策法が制定・公布され、翌2003（平成15）年に施行された。

　土壌汚染対策法の施行以来、法にもとづかない土壌汚染の事例増加や、汚染対策のための掘削除去の偏重といった問題が指摘されるようになった。このため、改正法が2010（平成22）年4月に施行された。

2 農用地の土壌の汚染防止等に関する法律

　1970（昭和45）年に公布された「農用地の土壌の汚染防止等に関する法律」（農用地汚染防止法）は、農用地の汚染を対象にする法律である。すなわち、本

法の目的は「農用地の土壌の特定有害物質による汚染の防止及び除去並びにその汚染に係る農用地の利用の合理化を図るために必要な措置を講じることにより、人の健康を損なうおそれがある農畜産物が生産され、又は農作物等の生育が阻害されることを防止し、もって国民の健康の保護及び生活環境の保全に資することである（第1条）。

本法での「農用地」とは、「工作の目的又は主として家畜の放牧の目的若しくは畜産の業務のための採草の目的に供せられる土地」（第2条第1項）を指し、農用地以外の林地、公園緑地、宅地などは対象となっていない。また、規制される「特定有害物質」とは、「農用地の土壌に含まれることに起因して人の健康を損なうおそれがある農畜産物が生産され、又は農作物等の生育が阻害されるおそれがある物質」（第2条第3項）を指し、現在、カドミウム、銅、ヒ素とそれらの化合物の3物質が政令で指定されている（法施行令第1条）。

法律の主な内容は、上述の目的にあるように、特定有害物質による汚染を除去し、合理的な利用を図るために、都道府県知事が、「農用地土壌汚染対策地域」を指定し、農用地土壌汚染対策計画を定めて必要な対策を講じることにある。すなわち、都道府県知事は、一定地域内にある農用地の土壌や農作物等に含まれる特定有害物質の種類及び量等からみて、人の健康を損なうおそれがある農畜産物が生産されるなど一定の要件に該当する地域を「対策地域」として指定し（第3条第1項）、その旨を公告する（第3条第4項）。また、対策地域の指定にあたっては、都道府県環境審議会及び関係市町村長の意見を聴かなければならない（第3条第3項）と定められている。

3　土壌汚染対策法の制定

2002（平成14）年に公布された土壌汚染対策法の目的は、「土壌の特定有害物質による汚染の状況把握に関する措置、及びその汚染による人の健康に係る被害の防止に関する措置を定めること等により、土壌汚染対策の実施を図り、もって国民の健康を保護すること」（第1条）にある。対策の枠組みは、有害物質の取扱い工場・事業所の廃止時や用途の変更等、または土壌汚染の可能性

の高い土地において必要な時をとらえて土地の所有者(所有者、占有者又は管理者)が調査を実施する。その結果、土壌の汚染に係る環境基準等に対して何らかのリスク管理が必要と考えられる濃度レベルを超える土壌汚染がある場合には、「リスク管理地」として都道府県知事が指定し、公告するとともに、登録台帳に記載し、公衆に閲覧させるものである。

法の対象物質は、それが土壌に含まれることに起因して人の健康に係る被害を生ずるおそれがあるものとされる「特定有害物質」である(第2条)。対象となる物質は、(ア)特定有害物質が含まれる汚染土壌を直接摂取することによるリスク、(イ)汚染土壌からの特定有害物質の溶出に起因する汚染地下水等の摂取によるリスク、という2つの観点から政令により定められている。具体的には、前者(ア)では、人が直接摂取する可能性のある表層土壌中に高濃度の状態で蓄積し得ると考えられる重金属が対象となっている。また、後者(イ)において、地下水等の摂取の観点から定められている現行の土壌の汚染に係る環境基準のうち、溶出基準項目25物質が対象である。なお、放射性物質は法の対象外である(第2条第1項)。

土壌汚染のサイトアセスメントに関しては、ISO14015(用地及び組織の環境アセスメント：EASO)が発行されており、わが国でも2002年にJIS規格化されている。

4　改正土壌汚染対策法

(1)　土壌汚染対策法の改正の背景

土壌汚染対策法(旧法)の施行以降、約5年間が経過した時点において、以下のような問題点が指摘されるようになった。第1は、法にもとづかない土壌汚染の発見の増加である。旧法では、「特定施設の廃止時」と「健康被害の発生のおそれ」の2つの機会に土壌汚染調査を義務づけていたが、実際には土地の開発や売買等に伴う自主調査事例の方が圧倒的に多いことである。環境省の調査によると、2006(平成18)年度の1年間に実施された調査のうち、法にもとづく土壌汚染調査は、3%にとどまっており、このため、発見された汚染土

● 第6章　公害防止条例の制度と運用

壌が法に定めるルールの適用を受けずに不適正処理されてしまうことが懸念されるようになった。

　第2は、汚染対策における掘削除去の偏重である。土壌汚染対策法においては土壌汚染の環境リスクを防止するための対策の基本は、汚染された土壌・地下水の摂取経路の遮断である。しかし、汚染の程度に関わらず掘削除去が選択される傾向にあり、土地所有者の過剰な負担となっている。また、掘削除去が増加すると、汚染土壌の処分場が逼迫し、大量の埋め戻し材が必要となるなど課題が多い。

　第3は、土壌汚染の不適正処理の増加である。

　以上のことを背景に、土壌汚染対策法が改正され、2010（平成22）年4月1日より施行されている。

(2) 改正土壌汚染対策法における事業者への規制と罰則

　土壌汚染対策法では、汚染された土地を管理する所有者等は、所有する土地で土壌汚染を生じさせるような行為にその者が関わらない場合であっても、その土地において健康被害を及ぼす危険性がある土地の状態について責任があるという考え方により、第一義的には、土地所有者が土壌の調査・対策の義務を負う。また、法では「有害物質使用特定施設の廃止」（第3条）、「一定規模（3000㎡）以上の形質変更」（第4条）、「健康被害が生ずるおそれがある土地」（第5条）において、土壌汚染状況調査の実施・報告が義務づけられている。このうち、第3条の「特定施設」とは、水質汚濁防止法第2条第2項に定める特定施設を指し、このうち、特定有害物質を使用していたものを「有害物質使用特定施設」としている。

　土壌汚染対策法では、さまざまな罰則規定が設けられており、その多くは、廃棄物処理法等と同様に行為者と法人を罰する両罰規定になっていることが特徴である。主な罰則対象行為とその内容を（**表6-Ⅳ-1**）に示す。

(3) 事業者が留意すべきポイント

　土壌汚染対策の改正における事業者が留意すべきポイントは，**表6-Ⅳ-2**に示す6点にまとめられる。

Ⅳ　土壌汚染防止に係る規制・対策

表6-Ⅳ-1　土壌汚染対策法の罰則

主な罰則対象行為	刑罰内容
土壌汚染調査報告内容の是正命令違反 要措置区域における土地の形質変更行為	1年以下懲役または 100万円以下の罰金
虚偽の届出行為 汚染土壌処理業者以外への処理委託	3か月以下懲役または 30万円以下の罰金
環境大臣または都道府県知事に対する報告を行わなかった場合または立ち入り検査拒否・忌避の場合	30万円以下の罰金
定められた期間内に土地の形質変更や汚染土壌の搬出についての届出がなかった場合	20万円以下の罰金

表6-Ⅳ-2　事業者が留意すべきポイント（改正土壌汚染対策法）

① 汚染土壌調査の機会を拡大
② 土壌汚染地の合理的な分類
③ 現在の汚染にとどまらず、過去の汚染も対象
④ 法によらない自主的な調査にも行政が関与
⑤ 汚染土壌の適切な処理
⑥ 自然由来の土壌汚染も対象

①は、土地の形質変更（土地を掘削するまたは土地を盛土する）が3,000 m²（掘削区域と盛土区域の合計）以上の時には、事前の届出が義務化された。また、届出により、都道府県知事の判断で調査・報告命令ができるようになった。

②は、法改正以前までは「指定区域」として一括されていた土壌汚染地を「要措置区域」（健康被害の防止のため盛土、封じ込め等の対策が必要な区域）と「形質変更時要届出区域」（形質変更時にのみ届出が必要な区域）に分類し、環境リスクに応じた合理的な対策推進が定められた（表6-Ⅳ-3）。

表6-Ⅳ-3　土壌汚染地の分類（改正土壌汚染対策法）

要措置区域	人の立ち入りがある、周辺で地下水の飲用があるなど、土壌汚染の人への摂取経路・健康被害が生じるおそれがある区域
形質変更時 要届出区域	土壌汚染の人への摂取経路がなく、健康被害が生ずるおそれがないため、汚染の除去等の措置が不要な区域

③は、過去にさかのぼって土壌汚染の有無を調査する必要が生じ、土地履歴等からの調査が求められるようになった。

④は、不動産取引による土壌調査など、法によらない自主的な調査で判明した土壌汚染については、土地所有者の任意の申請により行政の区域指定を受けることにより、行政が自主調査による土壌汚染に関与することが可能になった。

⑤は、汚染土壌の搬出においては適正な処理が求められるようになり、廃棄物処理と同様に管理票の交付・保存の義務化が定められた。

⑥は、旧法においては、環境基本法が規定する典型7公害の1つとしての土壌汚染と同様に、人の活動にともなって生ずる土壌の汚染に限定されていたものが、改正法では、自然由来の土壌汚染も規制の対象となった。

自然由来の土壌汚染については、地質的に同質な状態で広範囲に汚染が広がっている特性を持つため、一定の区域のみを封じ込めたとしても具体的な効果を期待することが困難である。このため、土壌汚染地のうち、土壌溶出量基準に適合しない汚染状態にあり、周辺の土地に飲用の井戸が存在する場合には、要措置区域に指定される。ただし、上水道の敷設などによって汚染地下水の飲用リスクがなくなれば、人への健康リスクがなくなるため、形質変更時要届出区域に指定される。

土壌汚染対策における都道府県は、リスクコミュニケーションの役割も担っている。リスクコミュニケーションにおいて主体となるのは、汚染原因者である事業者と周辺住民であるが、都道府県知事は、事業者からは調査・対策への指導や助言について、周辺住民からは土壌汚染と健康被害に関する問い合わせ先としての役割を持つ。一般的に、都道府県（知事）は土壌汚染対策法や条例などにもとづく調査や対策の場合、事業者に対して指導や命令を行い、法令に従って汚染区域の指定や場所の公表などでリスクコミュニケーションに加わることになる。また、自主的な調査や対策の場合においても、条例にもとづき、法よりも幅広い土壌汚染に関する指導を行っている都道府県もある。

5　土壌汚染対策に関する条例

(1) 条例制度のねらい

改正土壌汚染対策法において、土壌汚染調査が必要な場合は、

① 有害物質使用特定施設の使用を廃止するとき（第3条調査）、
② 3,000㎡以上の土地の形質変更の届出の際に、汚染のおそれがあると都道府県知事が認めるとき（第4条調査）、
③ 土壌汚染により健康被害が生ずるおそれがあると都道府県知事が認めるとき（第5条調査）、を定めている。

一方、都道府県においては、条例を制定して有害物質の使用履歴がある場合や建設発生土の搬出時等にも土壌汚染調査を求める等、厳格な取組みを行う事例がみられる（表6-Ⅳ-4参照）。また、法が定める対象有害物質25項目にダイオキシンを追加して規制の強化を図る大阪府のような事例もある（表6-Ⅳ-5参照）。

このように、土壌汚染対策における法と条例の関係は、基準値の「上乗せ」等による規制の強化ではなく、条例により主に調査機会の拡大を図ることを主眼とした内容となっていることが特徴である（図6-Ⅳ-1参照）。

表6-Ⅳ-4　都道府県・政令指定都市における土壌汚染対策に関する条例の制定状況

対策内容	自治体数
法で定める調査契機に拡大基準を設けている	26
法の指定基準以外の独自の基準を設けている	6
自発的な土壌汚染調査結果を自治体に報告させる規定を設けている	19
土壌汚染に係る調査・対策を円滑に行うための規定を設けている	19
調査・対策に関する技術指導、監督等を行う	25
汚染土壌処理施設に関する基準を設けている	48
土地所有者に対して、土壌汚染の未然防止を図る	62
有害物質の地下浸透規制に関する訓示的事項を含む	54

※2012（平成23）年環境省調査

● 第6章　公害防止条例の制度と運用

表6-Ⅳ-5　土壌汚染対策に関する都道府県条例の独自の取組みの概要（一部）

	取組みの概要
東京都	①「工場・指定作業場」で有害物質の土壌汚染が発生し、人への健康被害が生じるおそれがある場合土壌汚染調査が必要 ②地下水汚染が発生している地域で有害物質の取り扱い施設が存在する場合土壌汚染調査が必要 ③「工場・指定作業場」で事業の廃止、もしくは有害物質使用施設の除去を行う場合土壌汚染調査が必要
大阪府	①有害物質使用特定施設等を設置している工場敷地で、土地の形質変更を行う場合土壌汚染調査が必要 ②有害物質使用届出施設等の使用廃止（特定有害物質とダイオキシン）の26物質
三重県	①有害物質使用特定施設における定期検査 ②有害物質使用特定施設の敷地内で土地の形質変更を行う場合土壌汚染調査が必要 ③土壌や地下水の汚染を発見した場合は報告を義務づけ
滋賀県	①有害物質を含む水の地下への浸透禁止 ②有害物質を使用する施設以外に、保管、移送する施設についても新たに届け出を求め、漏えい防止対策を義務づけ ③特定有害物質を取り扱う事業場では、監視用の井戸を設置し、水質検査結果を報告することが義務づけ ④2003（平成15）年の土壌汚染対策法制定以前に廃止された有害物質使用特定施設についても、土壌汚染調査を義務づけ ⑤公害防止条例で排水規制の対象とされている施設についても土壌汚染調査を義務づけ

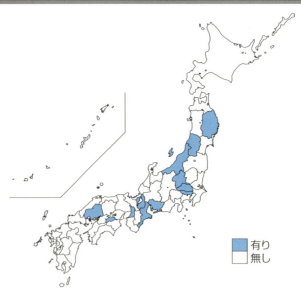

図6-Ⅳ-1　土壌汚染対策に関する都道府県条例による独自の取組みの状況

(2) 条例の事例

土壌汚染対策法の制定に先行して条例を制定し、特徴的な取組みを行ってきた事例として、東京都と神奈川県横浜市が挙げられる。

東京都における土壌汚染対策の発端となったのは、1964（昭和39）年の東京オリンピック開催に向けた急速な都市化と開発を経て、1975年に東京都が民間事業者から購入した土地において六価クロムが検出された事件である。これに対する都庁の内部手続きとしてはじまった土壌汚染対策は、その後の社会情勢等を踏まえて、現在では「都民の健康と安全を確保する環境に関する条例」に盛り込まれ、土壌汚染対策の重要性が謳われている。東京都では、土壌汚染対策法に加え、条例で①「工場・指定作業場」で有害物資の土壌汚染が発生し、人への健康被害が生じる恐れがある場合、②地下水汚染が発生している地域で有害物質の取扱い施設が存在する場合、③有害物質取扱い「工場・指定作業場」で事業の廃止、もしくは有害物質試使用施設の除去を行う場合に土壌汚染が義務づけられている上乗せ事項が付加されている点が特徴となっている。

また、市レベルでの先行的な取組み事例として、神奈川県横浜市が挙げられる。市では、1970年代半ばに工場跡地において水銀汚染やクロム汚染が明らかになり、対策が求められるようになった。また、その後に活発化した工場跡地の再開発等に際し、土地開発事業者が行った調査において、土壌中の重金属や揮発性有機化合物に関して土壌汚染が発覚した。こうした状況を踏まえて、横浜市としての統一的な指導が必要であると判断し、1986（昭和61）年に、横浜市工場等跡地土壌汚染対策指導要綱を制定した。その後、1998（平成10）年に、神奈川県生活環境保全等に関する条例が制定され、このなかにおいて土壌・地下水汚染対策が行われている。条例は、2012（平成24）年に改正が行われており、土壌汚染対策法の届出対象として3,000㎡以上の土地の形質変更が規定されているが、改正条例では2,000㎡以上3,000㎡未満の土地の形質変更を届出対象とするなど、対象範囲を拡大してより厳格な取組みを盛り込んでいる。

［坪井塑太郎］

V 騒音防止に係る規制対策

1 騒音問題と騒音規制法

騒音は、その発生源として工場・事業場、建設作業、自動車、航空機、鉄道等があげられ、住民に身近な公害問題として苦情件数が多い公害である。騒音苦情の件数は、2012（平成24）年度[1]は16,518件にのぼり、前年度に比べ574件の増加である。内訳をみると、建設作業が5,622件（全体の34.0％）と最も多く、次いで工場・事業場4,780件（28.9％）、営業（深夜・その他）1,638件（9.9％）となっている。

騒音問題に対応するため、1968（昭和43）年に工場や事業場の事業活動および建設工事にともない発生する騒音について必要な規制を行い、また、自動車騒音に係る許容限度を定めること等により、生活環境を保全し、健康の保護に資することを目的として「騒音規制法」が制定された。

騒音規制法は、あらゆる地域に適用されるのではなく、生活環境の保全の観点から都道府県知事（市の区域内の地域については、市長。以下、市長等を含む。）が指定した「指定地域」にのみ適用される。規制対象は、工場・事業場の騒音については、指定地域内で著しい騒音を発生する施設（政令で定める「特定施設」、表6-Ⅴ-1参照）を設置している工場や事業場等であり、建設作業の騒音においては、指定地域内で著しい騒音を発生する作業（政令で定める「特定建設作業」、表6-Ⅴ-2参照）である。それぞれの規制基準は、環境大臣が定める基準の範囲内において、知事または市長が時間および区域の区分ごとに定め、市町村長は、規制対象に関し、必要に応じて改善勧告、改善命令等を行う仕組みとなっている。

騒音は、環境基本法第16条第1項にもとづいて、「騒音に係る環境基準」[2]「航

---

[1] 環境省平成24年度騒音規制法施行状況調査について（平成26年1月30日）http://www.env.go.jp/press/press.php?serial=17684

[2] 告示「騒音に係る環境基準について」。平成26年4月時点で最新版は「平成24年3月30日環告54」である。

Ⅴ　騒音防止に係る規制対策

表6-Ⅴ-1　騒音規制法の特定施設（騒音規制法施行令第1条　別表第1より抜粋）

1	**金属加工機械** 　イ　圧延機械（原動機の定格出力の合計が22.5kw以上のものに限る。） 　ロ　製管機械 　ハ　ベンディングマシーン（ロール式のものであって、原動機の定格出力が3.75kw以上のものに限る。） 　ニ　液圧プレス（矯正プレスを除く。） 　ホ　機械プレス（呼び加圧能力が294キロニュートン以上のものに限る。） 　ヘ　せん断機（原動機の定格出力が3.75kw以上のものに限る。） 　ト　鍛造機 　チ　ワイヤーフォーミングマシン 　リ　ブラスト（タンブラスト以外のものであって、密閉式のものを除く。） 　ヌ　タンブラー 　ル　切断機（と石を用いるものに限る。）
2	空気圧縮機及び送風機（原動機の定格出力が7.5kw以上のものに限る。）
3	土石用又は鉱物用の破砕機、摩砕機、ふるい及び分級機（原動機の定格出力が7.5kw以上のものに限る。）
4	織機（原動機を用いるものに限る。）
5	**建設用資材製造機械** 　イ　コンクリートプラント（気ほうコンクリートプラントを除き、混練機の混練容量が0.45m以上のものに限る） 　ロ　アスファルトプラント（混練機の混練重量が200kg以上のものに限る）
6	穀物用製粉機（ロール式のものであって、原動機の定格出力が7.5kw以上のものに限る。）
7	**木材加工機械** 　イ　ドラムバッカー 　ロ　チッパー（原動機の定格出力が2.25kw以上のものに限る。） 　ハ　砕木機 　ニ　帯のこ盤（製材用のものにあっては原動機の定格出力が15kw以上のもの、木工用のものにあっては原動機の定格出力が2.25kw以上のものに限る。） 　ホ　丸のこ盤（帯のこ盤と同じ） 　ヘ　かんな盤（原動機の定格出力が2.25kw以上のものに限る。）
8	抄紙機
9	印刷機（原動機を用いるものに限る。）
10	合成樹脂用射出成型機
11	鋳型造型機（ジョルト式のものに限る。）

● 第 6 章　公害防止条例の制度と運用

表 6 - Ⅴ - 2　騒音規制法の特定建設作業
（騒音規制法施行令第 2 条　別表第 2 より抜粋）

1	くい打機（もんけんを除く。）、くい抜機又はくい打くい抜機（圧入式くい打くい抜機を除く。）を使用する作業（くい打機をアースオーガーと併用する作業を除く。）
2	びょう打機を使用する作業
3	さく岩機を使用する作業（作業地点が連続的に移動する作業にあっては、1 日における当該作業に係る 2 地点間の最大距離が 50 メートルを超えない作業に限る。）
4	空気圧縮機（電動機以外の原動機を用いるものであつて、その原動機の定格出力が 15 キロワット以上のものに限る。）を使用する作業（さく岩機の動力として使用する作業を除く。）
5	コンクリートプラント（混練機の混練容量が 0.45 立方メートル以上のものに限る。）又はアスファルトプラント（混練機の混練重量が 200 キログラム以上のものに限る。）を設けて行う作業（モルタルを製造するためにコンクリートプラントを設けて行う作業を除く。）
6	バックホウ（一定の限度を超える大きさの騒音を発生しないものとして環境大臣が指定するものを除き、原動機の定格出力が 80 キロワット以上のものに限る。）を使用する作業
7	トラクターショベル（一定の限度を超える大きさの騒音を発生しないものとして環境大臣が指定するものを除き、原動機の定格出力が 70 キロワット以上のものに限る。）を使用する作業
8	ブルドーザー（一定の限度を超える大きさの騒音を発生しないものとして環境大臣が指定するものを除き、原動機の定格出力が 40 キロワット以上のものに限る。）を使用する作業

空機騒音に係る環境基準」[3]「新幹線鉄道騒音に係る環境基準」[4] が定められている。それぞれの環境基準においては、知事が、環境基準に定められている地域の類型[5]を、各々の区域における地域に当てはめる（指定する）ことにより設定され、知事が「告示」という形で公表している。これらの環境基準について、

3　航空機騒音に係る環境基準は、1 日当たりの離着陸回数が 10 回以下の飛行場であって、警察、消防および自衛隊等専用の飛行場並びに離島にある飛行場の周辺地域には適用しない。

4　新幹線鉄道騒音については、新幹線鉄道の沿線区域の区分ごとに達成目標期間の欄に記載されている期間を目途として環境基準が達成され、または維持されるよう努めるものとされており、当該都道府県の区域すべてを対象にしているわけではないことに留意されたい。

5　例えば、騒音に係る環境基準の類型として、一般の地域では AA、A、B、C の 4 つの類型が、道路に面する地域では A、B、C の 3 つの類型が設定されている。

Ⅴ　騒音防止に係る規制対策

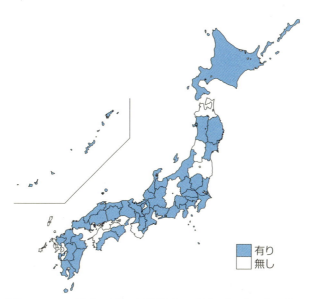

図6-Ⅴ-1　騒音に係る環境基準の地域の類型の適用状況

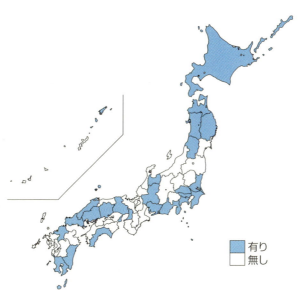

図6-Ⅴ-2　航空機騒音に係る環境基準の地域の類型の適用状況

● 第 6 章　公害防止条例の制度と運用

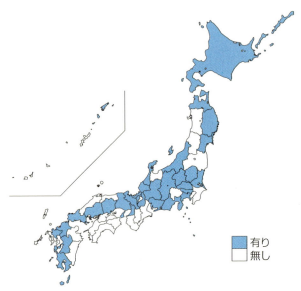

図 6-V-3　新幹線鉄道騒音に係る環境基準の地域の類型の適用状況

都道府県における地域の類型の適用状況を図 6-V-1、図 6-V-2、図 6-V-3 に示す。

2　法律と条例の関係

(1)　騒音規制の特徴

騒音規制法では、法律と条例の関係について、法第 27 条第 1 項において「この法律の規定は、地方公共団体が、指定地域内に設定される特定工場等において発生する騒音に関し、当該地域の自然的、社会的条件に応じて、この法律とは別の見地から、条例で必要な規制を定めることを妨げるものではない」と定めている。また、同条第 2 項において「この法律の規定は、地方公共団体が、指定地域内に設置される工場若しくは事業場であって特定工場等以外のもの又は指定地域内において建設工事として行なわれる作業であって特定建設作業以外のものについて、その工場若しくは事業場において発生する騒音又はそ

V 騒音防止に係る規制対策

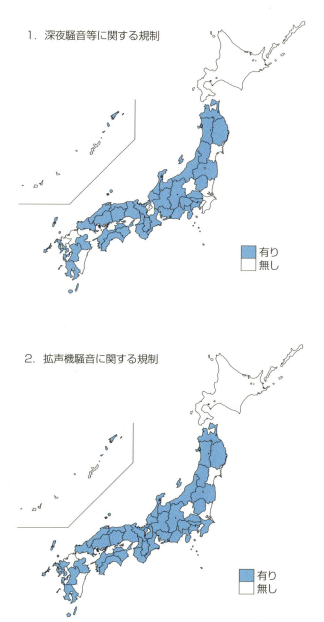

1. 深夜騒音等に関する規制

2. 拡声機騒音に関する規制

図6-V-4 深夜騒音等や拡声器騒音に関する条例の制定状況

の作業に伴って発生する騒音に関し、条例で必要な規制を定めることを妨げるものではない」と定めており、法対象以外の事業場からの騒音や建設工事として行われる作業にともなう騒音について、地方自治体による上乗せ・横出しの規制を実施することができる。

また、飲食店営業等による深夜騒音や拡声器騒音等の規制に関しては、法第28条において「地方公共団体が、住民の生活環境を保全するため必要があるあると認めるときは、当該地域の自然的、社会的条件に応じて、営業時間を制限すること等により必要な措置を講ずるようにしなければならない」と定めている。この規定を受けて、都道府県および市町村は、条例により、深夜騒音および拡声器騒音に関する規定を設けている事例がみられる（図6-Ⅴ-4参照）。

騒音規制法をナショナルミニマムとしてとらえ、地域の実情に応じて地方自治体の条例による規制が行われている。

(2) 法律で規定されている都道府県知事の役割

騒音規制法では都道府県知事の役割が明確に定められており、知事は、その範囲において規制等の措置を行っている。また、ほとんどの都道府県では、条例により騒音に係る規制を実施しているが、その場合、騒音規制のみに特化した条例はなく、公害防止関連条例のなかで騒音規制に関して規定している。

① 規制地域の指定

知事（市の区域内の地域については、市長）は、
1) 住居が集合している地域、
2) 病院または学校の周辺の地域、
3) その他の騒音を防止することにより住民の生活環境を保全する必要があると認める地域、

を、特定工場等において発生する騒音および特定建設作業にともなって発生する騒音について規制する地域として指定しなければならない（法第4条）。

② 規制基準の設定

知事は、地域を指定するときは、環境大臣が特定工場等において発生する騒音について規制する必要の程度に応じて、昼間、夜間、その他の時間の区分お

V 騒音防止に係る規制対策

および区域の区分ごとに定める基準の範囲内において、当該地域について、これらの区分に対応する時間および区域の区分ごとの規制基準を定めなければならない（法第4条）。

③ 規制地域の指定および規制基準の設定の公示

知事は、規制地域の指定および規制基準の設定を公示しなければならない。ほとんどの都道府県では、公に知らせるために告示しているところが多い。

④ その他

自動車騒音の状況の常時監視、環境大臣への結果の報告、当該都道府県の区域（町村の区域に限る）に係る自動車騒音の状況の公表（第18条）が求められる。

自治体の条例にもとづく騒音対策体系の事例（広島県）を図6-V-5に示す。

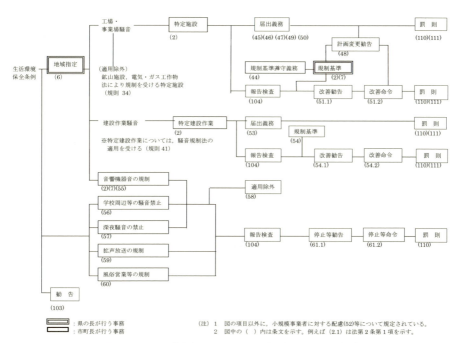

図6-V-5 条例にもとづく騒音対策の体系（例）

（広島県生活環境の保全等に関する条例を事例に（平成25年10月広島県環境局環境保全課編「騒音・振動規制の概要」7頁より抜粋）
https://www.pref.hiroshima.lg.jp/uploaded/attachment/108909.pdf

3 事業者への規制と罰則

(1) 法律にもとづく事業者への規制と罰則

　規制対象である指定地域内において特定施設を設置している工場・事業場や特定建設作業を行う者は、規制基準を遵守しなければならない。また、特定施設の設置、変更等については工事開始30日前までに、特定建設作業を行う場合には7日前までに、それぞれの市町村長に届出をしなければならない。

　特定工場等の設置者または特定建設作業の施工者により規制基準が守られておらず、周辺の生活環境が損なわれる場合には、市町村長は、その者に対して騒音の防止について、改善を勧告し、これに従わない場合は、改善命令を発することができる。虚偽の届出をした場合や改善命令に従わない場合には、懲役、罰金または過料が科せられる。

　なお、「特定工場における公害防止組織の整備に関する法律」により、指定地域内で一定の機材を設置している事業場は、公害防止管理者等を選任し、都道府県知事に届け出なければならない。

(2) 条例にもとづく事業者への規制と罰則

　都道府県によっては、騒音に関して法律で定めている事項以上の規制を課しているところがある。なお、法第4条第2項において、町村は、環境大臣の定める範囲において、知事が定めた規制基準より厳しい上乗せ規制を定めることができる。

　都道府県による規制の内容は、大きく2つに区分される。

　第1は、法律で定める指定地域よりも独自の基準を設けて条例にもとづく指定地域を設定したり、法律で定める特定施設や特定建設作業よりも範囲が広い施設や作業を独自に定めて、規制対象としている都道府県がある。いわば、条例による対象地域や対象施設等に係る横出し規制である。

　第2に、区域内にある特定の自然地域等において、静穏な環境を保全する観点から騒音規制を含めた条例を制定している自治体がある。

　それぞれの罰則については、個別の条例・規則に定められているため、いかなる罰則があるのかを個別にみる必要がある。

V　騒音防止に係る規制対策

以下、5つの条例の具体的な事例をみていく。

① 東　京　都

都民の健康と安全を確保する環境に関する条例（環境確保条例）第123条では、「建築物その他の施設等の建設（土地の造成を含む）、解体又は回収の工事を行う者は、当該工事に伴い発生する騒音、振動、粉じん又は汚水（公共用水域に排出するものに限る）により、人の健康又は生活環境に障害を及ぼさないように努めなければならない」と定めている。騒音規制法で定める特定建設作業とは別に、環境確保条例では法に定める特定建設作業を包含した9つの「指定建設作業」を定めている（表6－Ⅴ－3参照）。なお、指定建設作業を適用する地域は騒音規制法、振動規制法の規制を適用する地域と同一である。

表6－Ⅴ－3　東京都環境確保条例にもとづく指定建設作業（条例別表9（第125条関係））

1	くい打機（もんけんを除く。）、くい抜機若しくはくい打くい抜機（加圧式くい打くい抜機を除く。）を使用する作業又は穿（せん）孔機を使用するくい打設作業
2	鋲（びょう）打機又はインパクトレンチを使用する作業
3	さく岩機又はコンクリートカッターを使用する作業（作業地点が連続的に移動する作業にあっては、1日における当該作業に係る2地点間の最大距離が50メートルを超えない作業に限る。）
4	ブルドーザー、パワーショベル、バックホーその他これらに類する掘削機械を使用する作業（作業地点が連続的に移動する作業にあっては、1日における当該作業に係る2地点間の最大距離が50メートルを超えない作業に限る。）
5	空気圧縮機（電動機以外の原動機を用いるものであって、その原動機の定格出力が15キロワット以上のものに限る。）を使用する作業（さく岩機の動力として使用する作業を除く。）
6	振動ローラー、タイヤローラー、ロードローラー、振動プレート、振動ランマその他これらに類する締固め機械を使用する作業（作業地点が連続的に移動する作業にあっては、1日における当該作業に係る2地点間の最大距離が50メートルを超えない作業に限る。）
7	コンクリートプラント（混練機の混練容量が0.45立方メートル以上のものに限る。）又はアスファルトプラント（混練機の混練重量が200キログラム以上のものに限る。）を設けて行う作業（モルタルを製造するためにコンクリートプラントを設けて行う作業を除く。）又はコンクリートミキサー車を使用するコンクリートの搬入作業
8	原動機を使用するはつり作業及びコンクリート仕上作業（さく岩機を使用する作業を除く。）
9	動力、火薬又は鋼球を使用して建築物その他の工作物を解体し、又は破壊する作業（作業地点が連続的に移動する作業にあっては、1日における当該作業に係る2地点間の最大距離が50メートルを超えない作業に限り、さく岩機、コンクリートカッター又は掘削機械を使用する作業を除く。）

● 第6章　公害防止条例の制度と運用

　条例第125条では、第1項で「知事は、指定建設作業にともない発生する騒音（騒音規制法に規定する特定建設作業に係るものを除く）、振動（振動規制法に規定する特定建設作業に係るものを除く。）が規則で定める基準を超え、かつ、当該指定建設作業若しくは当該工事の行われる場所の周辺の生活環境が著しく損なわれると認めるときは、それらの事態を排除するため、指定建設作業若しくは当該工事を施工する者に対し、期限を定めて、騒音、振動、若しくは作業の方法を改善し、又は指定建設作業の作業時間を変更することを勧告することができる（一部略）」と定めている。また、第2項で「知事は、前項の規定による勧告を受けた者がその勧告に従わないで指定建設作業を施工しているときは、期限を定めて、同項の事態を排除するために必要な限度において、騒音、振動、若しくは作業の方法を改善し、又は指定建設作業の作業時間を変更することを命ずることができる」としている。この条文は、改善勧告および改善命令の根拠規定になっており、改善命令に従わない場合には、罰則として1年以下の懲役または50万円以下の罰金が科される。

②　神奈川県

　神奈川県生活環境の保全等に関する条例では、公害の発生源となる蓋然性が高いとみられる事業所をあらかじめ指定（「指定事業所」という）して設置許可制等の事前規制の対象とし、事業所の設置や指定施設の変更の際に、発生する公害の種類や公害防止対策を総合的に審査し許可する「総合審査許可制度」を導入している。条例では、工場または事業場を「事業所」と称し、横浜市・川崎市を除く県内すべての事業所に適用する騒音・振動の許容限度を定めている。ここでいう事業所は、一般家庭の住居以外で一定の場所を占めて事業活動を行っている場所をいい、営利、非営利または個人、法人を問わない。事業所には、厳しい事前規制の対象となる上記の指定事業所と、指定事業所以外の事業所があるが、騒音および振動に関する規制はすべての事業所に適用される。

　指定事業所を設置している者が規制基準に違反していると認めるときは、知事はその者に対し、指定事業所における騒音、振動の改善、もしくは施設等の構造または作業の方法の改善、施設等の除却、原材料等の撤去その他必要な措置をとるべきことを命じ、または指定事業所に係る事業の全部もしくは一部の

V 騒音防止に係る規制対策

停止を命ずることができる。その命令に違反した場合には、2年以下の懲役又は100万円以下の罰金が科される。

また、指定外の事業所においても、規制基準に違反している場合で、当該事業所の活動にともなって公害が生じているときは、知事は、その者に対し、改善命令等を発令し、その命令に従わない場合には、6カ月以下の懲役または30万円以下の罰金が科される。

③ 大阪府

大阪府生活環境の保全等に関する条例施行規則第53条において、騒音規制法にもとづき知事が指定する地域のほか、知事が独自に別の地域を指定することを定めている（告示「大阪府生活環境の保全等に関する条例施行規則第53条第2号の規定に基づく地域の指定」参照）。また、政令で定めている8つの特定建設作業以外に、「鋼球を使用して建築物その他の工作物を破壊する作業」等の3つの作業を条例で定めて、規制の対象としている。

④ 山梨県富士五湖の静穏の保全に関する条例

山梨県では、富士五湖（本栖湖を除く）の静穏を保全するため、主として富士五湖を航行する船舶の騒音を規制することを目的とした「山梨県富士五湖の静穏の保全に関する条例」を1988（昭和63）年に制定している。

規制の対象となる船舶に対して、一定の場合を除き、条例で定める航行制限時間における船舶の航行を禁止する。また、「航行の届出制度」が導入され、富士五湖に動力船を乗入れる年度毎に「航行届」の事前提出と、「航行届出済証」（ステッカー）の表示（動力船への貼付）が義務づけられ、これに違反した場合は5万以下の過料となる。また、騒音の規制基準を超えて航行した場合は、船舶の騒音防止の方法について改善勧告が出され、この勧告に従わない場合は改善命令や航行の中止が指示される。この指示に従わず、船舶を航行させた操縦者に対しては、罰則として30万円以下の罰金が科される。

⑤ 滋賀県琵琶湖のレジャー利用の適正化に関する条例

滋賀県では、2002（平成14）年に、琵琶湖におけるレジャー活動にともなう環境への負荷の低減を図り、琵琶湖のレジャー利用の適正化をめざす「滋賀県

● 第6章　公害防止条例の制度と運用

琵琶湖のレジャー利用の適正化に関する条例」を制定している。条例では、プレジャーボートの操船者等の遵守事項として、騒音を生じさせない、また、消音器の除去等規則で定められたものを改造したプレジャーボートを琵琶湖において航行させてはならない等を定めている。

[小清水宏如]

Ⅵ 振動防止に係る規制対策

1 振動問題と振動規制法

振動は、その発生源として、主に工場・事業場の機械設備、土木工事等の建設現場、鉄道や幹線道路を走る車両等があげられる。振動苦情の件数は、2012（平成24）年度[1]には3,254件であった。内訳をみると、建設作業が2,154件（全体の66.2％）と最も多く、次いで工場・事業場577件（17.7％）、道路交通274件（8.4％）等となっている。

振動問題に対応するため、1976（昭和51）年に、工場や事業場の事業活動および建設工事にともない発生する振動について必要な規制を行い、道路交通振動に係る要請限度を定めること等により、生活環境を保全し、健康の保護に資することを目的として「振動規制法」が制定された。

振動規制法の規制の枠組みは、基本的に騒音規制法とほぼ同様である。振動規制法は、あらゆる地域に適用されるのではなく、生活環境の保全の観点から都道府県知事（市の区域内の地域については、市長。以下、市長等を含む。）が指定した「指定地域」にのみ適用される。

規制対象は、工場・事業場の振動については、措定地域内で著しい振動を発生する施設（政令で定める「特定施設」（表6-Ⅵ-1参照））を設置している工場や事業場であり、建設作業の振動については、指定地域内で著しい振動を発生する作業（政令で定める「特定建設作業」（表6-Ⅵ-2参照））である。

それぞれの規制基準は、環境大臣が定める基準の範囲内において、知事または市長が時間や振動の大きさを区域の区分ごとに定め、市町村長は、規制対象に関して、必要に応じて改善勧告、改善命令等を行う仕組みとなっている。

---

1 環境省平成24年度振動規制法施行状況調査について（平成26年1月30日）http://www.env.go.jp/press/press.php?serial=17683

表6-Ⅵ-1 振動規制法の特定施設（振動規制法施行令第1条　別表第1より抜粋）

1	**金属加工機械** 　イ　液圧プレス（矯正プレスを除く。） 　ロ　機械プレス 　ハ　せん断機（原動機の定格出力が1kw以上のものに限る。） 　ニ　鍛造機 　ホ　ワイヤーフォーミングマシン（原動機の定格出力が37.5kw以上のものに限る。）
2	圧縮機（原動機の定格出力が7.5kw以上のものに限る。）
3	土石用又は鉱物用の破砕機、摩砕機、ふるい及び分級機（原動機の定格出力が7.5kw以上のものに限る。）
4	織機（原動機を用いるものに限る。）
5	コンクリートブロックマシーン（原動機の定格出力の合計が2.95kw以上のものに限る。）並びにコンクリート管製造機械及びコンクリート柱製造機械（原動機の定格出力の合計が10kw以上のものに限る。）
6	**木材加工機械** 　イ　ドラムバッカー 　ロ　チッパー（原動機の定格出力が2.2kw以上のものに限る。）
7	印刷機（原動機の定格出力が2.2kw以上のものに限る。）
8	ゴム練用又は合成樹脂練用のロール機（カレンダーロール機以外のもので原動機の定格出力が30kw以上のものに限る。）
9	合成樹脂用射出成型機
10	鋳型

表6-Ⅵ-2　振動規制法の特定建設作業
（振動規制法施行令第2条　別表第2より抜粋）

1	くい打機（もんけん及び圧入式くい打機を除く。）、くい抜機（油圧式くい抜機を除く。）又はくい打くい抜機（圧入式くい打くい抜機を除く。）を使用する作業
2	鋼球を使用して建築物その他の工作物を破壊する作業
3	舗装版破砕機を使用する作業（作業地点が連続的に移動する作業にあっては、一日における当該作業に係る二地点間の最大距離が五〇メートルを超えない作業に限る。）
4	ブレーカー（手持式のものを除く。）を使用する作業（作業地点が連続的に移動する作業にあっては、一日における当該作業に係る二地点間の最大距離が五〇メートルを超えない作業に限る。）

2 法律と条例の関係

(1) 振動規制の特徴

振動規制法では、法律と条例の関係について法第23条第1項において「この法律の規定は、地方公共団体が、指定地域内に設置される特定工場等において発生する振動に関し、当該地域の自然的、社会的条件に応じて、この法律とは別の見地から、条例で必要な規制を定めることを妨げるものではない」と定めている。また、同条第2項において「この法律の規定は、地方公共団体が、指定地域内に設置される工場若しくは事業場であって特定工場等以外のもの又は指定地域内において建設工事として行われる作業であって特定建設作業以外のものについて、その工場若しくは事業場において発生する振動又はその作業に伴って発生する振動に関し、条例で必要な規制を定めることを妨げるものではない」と定めており、法対象以外の事業場からの振動や建設工事として行われる作業にともなう振動について、騒音規制法と同様に、地方自治体による上乗せ・横出しの規制を実施することができる。

振動規制法という法規制をナショナルミニマムとしてとらえ、地域の実情に応じて地方自治体の条例による規制が行われている。

(2) 法律で規定されている都道府県知事の役割

振動規制法では、都道府県の役割が明確に定められており、知事は、その範囲において規制等の措置を行っている。また、ほとんどの都道府県では、条例により振動に係る規制を実施しているが、その場合、振動規制のみに特化した条例はなく、公害防止関連条例のなかで振動規制に関して規定している。

① 規制地域の指定

知事（市の区域内の地域については、市長）は、
1) 住居が集合している地域、
2) 病院又は学校の周辺の地域、
3) その他の振動を防止することにより住民の生活環境を保全する必要があると認める地域、

を、特定工場等において発生する振動および特定建設作業にともなって発生す

る振動について規制する地域として指定しなければならない（法第4条）。

② 規制基準の設定

知事は、地域を指定するときは、環境大臣が特定工場等において発生する振動について規制する必要の程度に応じて、昼間、夜間、その他の時間の区分および区域の区分ごとに定める基準の範囲内において、当該地域について、これらの区分に対応する時間および区域の区分ごとの規制基準を定めなければならない（法第4条）。

③ 規制地域の指定および規制基準の設定の公示

知事は、規制地域の指定および規制基準の設定を公示しなければならない。ほとんどの都道府県では、公に知らせるために告示しているところが多い。

3 事業者への規制と罰則

(1) 法律にもとづく事業者への規制と罰則

規制対象である指定地域内の特定施設を設置している工場・事業場や特定建設作業を行う者は、規制基準を遵守しなければならない。また、特定施設の設置、変更等については工事開始30日前までに、特定建設作業を行う場合には7日前までに、それぞれの市町村長に届出をしなければならない。

特定工場等の設置者または特定建設作業の施工者により規制基準が守られておらず、周辺の生活環境が損なわれる場合には、市町村長は、その者に対して振動の防止について、改善を勧告し、これに従わない場合は改善命令を発することができる。虚偽の届出をした場合や改善命令に従わない場合には、懲役、罰金または過料が科せられる。

なお、「特定工場における公害防止組織の整備に関する法律」により、指定地域内で一定の振動発生施設を設置している工場等は、公害防止管理者等を選任し、都道府県知事に届け出なければならない。

(2) 条例にもとづく事業者への規制と罰則

都道府県によっては、振動に関して法律で定めている事項以上の規制を課しているところがある。法律で定める指定地域よりも独自の基準を設けて指定地域を設定したり、法律で定める「特定施設」や「特定建設作業」よりも範囲が広い施設や作業を独自に定めて、規制対象としている都道府県がある。

具体的な規制事例として、東京都と神奈川県については、6-Ⅴ騒音対策に係る規制の項で述べた規制方式と同様であり、そちらを参照されたい。

大阪府では、大阪府生活環境の保全等に関する条例施行規則第53条において、振動規制法にもとづき知事が指定する地域のほかに、知事が独自に別の地域を指定することを定める（告示「大阪府生活環境の保全等に関する条例施行規則第53条第2号の規定に基づく地域の指定」参照）。また、政令で定める4つの特定建設作業以外に、「ブルドーザー、トラクターショベル又はショベル系掘削機械（原動機の定格出力が20キロワットを超えるものに限る）を使用する作業」を定めている。

[小清水宏如]

Ⅶ　地盤沈下防止に係る規制対策

1　地盤沈下問題と法規制

　地盤沈下は、主として地下水の過剰な採取により地下水位が低下し、軟弱な粘土層が収縮することによって発生する。一度、沈下した地盤は、ほとんど元に戻らず、逆に沈下量は年々蓄積されていくことになる。このため、年間の沈下量はわずかであっても、長期的には建造物の損壊にとどまらず、洪水・高潮時の浸水被害が増大するなど、さまざまな被害をもたらす危険性がある。なお、近年では、東日本大震災等の地盤の液状化による地盤沈下もみられるが、本節では公害対策に限定して述べる。

　地盤沈下の防止を図るために、「工業用水法」と「建築物用地下水の採取の規制に関する法律（ビル用水法）」の2つの法律[1]がある（表6-Ⅶ-1参照）。

（1）　工業用水法

　この法律は、地下水の採取により地盤沈下等が発生し、かつ工業用水としての地下水利用量が多く、地下水の合理的な利用を確保する必要がある地域を政令で地域を指定し、その地域の一定規模以上の工業用井戸について井戸のストレーナー位置、吐出口の断面積等に係る許可基準を定めて、許可制にすることにより、地盤沈下の防止等を図っている。

　2014（平成26）年9月時点で指定されている地域は、宮城県、福島県、埼玉県、千葉県、東京都、神奈川県、愛知県、三重県、大阪府、兵庫県の10都府県17地域である（表6-Ⅶ-2参照）。

（2）　建築物用地下水の採取の規制に関する法律（ビル用水法）

　この法律は、地下水の採取により地盤が沈下し、それにともない高潮、出水等による災害が発生するおそれがある地域を政令で地域を指定し、その地域の

---

[1] それぞれ法律の概要については、環境省水・大気環境局がまとめた「平成24年度全国の地盤沈下地域の概況（平成25年12月）」9〜11頁より抜粋

揚水設備について揚水設備のストレーナー位置、吐出口の断面積等に係る許可基準を定めて許可制とすることにより、地盤沈下の防止を図っている。

2014（平成26）年9月時点で指定されている地域は、大阪府、東京都、埼玉県、千葉県の4都府県4地域である（表6-Ⅶ-3参照）。

表6-Ⅶ-1　工業用水法と建築物用地下水の採取の規制に関する法律の比較

法律	工業用水法	建築物用地下水の採取の規制に関する法律
施行	1956（昭和31）年6月	1962（昭和37）年8月
所管	環境省、経済産業省	環境省
対象水	工業用水： 製造業（物品の加工修理業も含む）、電気供給業、ガス供給業、熱供給業に使われる水	建築物用地下水： 冷房設備、水洗便所、政令で定める設備（暖房設備、自動車車庫に設けられた洗車設備、公衆浴場法による公衆浴場で一定規模のもの）に使われる地下水
規制対象	工業用の井戸 井戸：動力を用いて地下水を採取する施設で揚水機の吐出口断面積が6 cm²を超えるもの （吐出口が二以上あるときは、その断面積の合計） 工業用：製造業（物品の加工修理業も含む）、電気供給業、ガス供給業、熱供給業	揚水設備 ：動力を用いて地下水を採取する設備で、揚水機の吐出口の断面積が6 cm²を超えるもの（吐出口が二以上あるときは、その断面積の合計）
指定要件	政令で指定 地下水を採取したことにより、地下水の水位が異常に低下し、塩水若しくは汚水が地下水の水源に混入し、又は地盤が沈下している一定の地域について、工業の用に供すべき水の量が大であり、地下水の水源の保全を図るためにはその合理的な利用を確保する必要があり、かつ、その地域に工業用水道がすでに布設され、又は一年以内にその布設の工事が開始される見込みがある場合	政令で指定 当該地域内において地下水を採取したことにより地盤が沈下し、これに伴って、高潮、出水等による災害が生じるおそれがある場合
指定地域	宮城県、福島県、埼玉県、千葉県、東京都、神奈川県、愛知県、三重県、大阪府、兵庫県 10都府県17地域	大阪府、東京都、埼玉県、千葉県 4都府県4地域

第6章 公害防止条例の制度と運用

表6-Ⅶ-2 工業用水法にもとづく指定地域（10都府県62市区町村）

宮城県	仙台市の一部、多賀城市の一部、宮城郡七ヶ浜町の一部
福島県	南相馬市の一部
埼玉県	川口市の一部、草加市、蕨市、戸田市、八潮市、さいたま市の一部
千葉県	千葉市の一部、市川市、船橋市、松戸市、習志野市、市原市の一部、浦安市、袖ヶ浦市の一部
東京都	墨田区、江東区、北区、荒川区、板橋区、足立区、葛飾区、江戸川区
神奈川県	川崎市の一部
	横浜市の一部
愛知県	名古屋市の一部
	一宮市、津島市、江南市、稲沢市、愛西市、清須市の一部、弥富市、あま市、海部郡大治町、同郡蟹江町、同郡飛島村
三重県	四日市市の一部
大阪府	大阪市の一部
	豊中市の一部、吹田市の一部、高槻市の一部、茨木市の一部、摂津市
	守口市、八尾市の一部、寝屋川市の一部、大東市の一部、門真市、東大阪市の一部、四條畷市の一部
	岸和田市の一部、泉大津市、貝塚市の一部、和泉市の一部、泉北郡忠岡町
兵庫県	尼崎市
	西宮市の一部
	伊丹市

表6-Ⅶ-3 建築物用地下水の採取の規制に関する法律にもとづく指定地域
（4都府県39市区町）

大阪府	昭和37年8月31日における大阪市の区域
東京都	昭和47年5月1日における東京都の区域のうち特別区の区域
埼玉県	昭和47年5月1日における川口市、浦和市、大宮市、与野市、蕨市、戸田市及び鳩ケ谷市の区域
千葉県	昭和49年8月1日における千葉県の区域のうち千葉市（旦谷町、谷当町、下田町、大井戸町、下泉町、上泉町、更科町、小間子町、富田町、御殿町、中田町、北谷津町、高根町、古泉町、中野町、多部田町、川井町、大広町、五十土町、野呂町、和泉町、佐和町、土気町、上大和田町、下大和田町、高津戸町、大高町、越智町、大木戸町、大椎町、小食土町、小山町、板倉町、高田町及び平川町を除く）、市川市、船橋市、松戸市、習志野市、市原市（五所、八幡、八幡北町、八幡浦、八幡海岸通、西野谷、山木、若宮、菊間、草刈、古市場、大厩、市原、門前、藤井、郡本、能満、山田橋、辰巳台東、辰巳台西、五井、五井海岸、五井南海岸、岩崎、玉前、出津、平田、村上、岩野見、君塚、海保、町田、廿五里、野毛、島野、飯沼、松ケ島、青柳、千種海岸、西広、惣社、根田、加茂、白金町、椎津、姉崎、姉崎海岸、青葉台、畑木、片又木、迎田、不入斗、深城、今津朝山、柏原、白塚、有秋台東及び有秋台西に限る。）、鎌ケ谷市及び東葛飾郡浦安町の区域

Ⅶ　地盤沈下防止に係る規制対策

表6-Ⅶ-4　地盤沈下防止等対策要綱の概要

		濃尾平野		筑後・佐賀平野			関東平野北部	
名　　　称		濃尾平野地盤沈下防止等対策要綱		筑後・佐賀平野地盤沈下防止等対策要綱			関東平野北部地盤沈下防止等対策要綱	
決定年月日		昭和60年4月26日		昭和60年4月26日			平成3年11月29日	
一部改正年月日		平成7年9月5日		平成7年9月5日			—	
評価検討年度		平成16年度・平成21年度		平成16年度・平成21年度			平成16年度・平成21年度	
地下水採取量【実績】(規制、保全地域) m3／年		規制地域			佐賀地区	白石地区		保全地域
		昭和57年度	4.1億	昭和57年度	7百万	12百万	昭和61年度	6.6億
		平成19年度	1.6億	平成19年度	3百万	4百万	平成19年度	5.1億
地下水採取目標量 (規制、保全地域) m3／年		目標量(規制地域)	2.7億	目標量(規制地域)	6百万	3百万	目標量(保全地域)	4.8億
対象地域		岐阜県、愛知県及び三重県の一部地域		福岡県及び佐賀県の一部地域			茨城県、栃木県、群馬県、埼玉県及び千葉県の一部地域	

平成22年3月30日に「地盤沈下防止等対策要綱に関する関係府省連絡会議」を開催し、地盤沈下の現状と今後の取り組みについて評価検討を行い、以下の点について確認した。
① 地下水の年間採取目標量については、地盤沈下を防止し、併せて地下水の保全を図るために達成又は遵守されるべき目標として継続すること。
② 渇水時の地盤沈下の進行に対応するため、地下水の管理方策について調査・研究を推進すること。
③ 今後、各地域において、深刻な地盤沈下の発生等の問題の兆候がみられた場合には速やかに必要な措置をとるものとすること。
④ 関係府省連絡会議は、概ね5年毎に地盤沈下防止等対策等について評価検討を行うこと。

（国土交通省 http://www.mlit.go.jp/tochimizushigen/mizsei/chikasui/youkou.html より抜粋）

(3) 地盤沈下防止等対策要綱[2]

　国は、国土交通省が中心となり、地盤沈下の特に著しい地域について、地域の実情に応じた総合的な対策を推進するため、地盤沈下防止等対策関係閣僚会議を開催し、「地盤沈下防止等対策要綱」を策定している。関係自治体は、この要綱を受けて、地盤沈下を防止するとともに地下水の保全を図る必要な対策措置を行っている（表6-Ⅶ-4参照）。

2　法律と条例の関係

(1) 工業用水法等による規制の特徴

　工業用水法および建築物用地下水の採取の規制に関する法律においては、騒音規制法や振動規制法に定められているような「地方公共団体が法律とは別の見地から、条例で必要な規制を定めることを妨げるものではない」という条文

---

[2] http://www.mlit.go.jp/tochimizushigen/mizsei/chikasui/youkou.html に経緯を含め地域図が掲載されている。

が明文化されていない。また法律上、条例の上乗せ・横出しを禁止している規定もない。

(2) 法律で規定されている都道府県の役割

工業用水法および建築物用地下水の採取の規制に関する法律では、それぞれの指定地域において、一定規模以上の工業用井戸もしくは揚水設備について許可基準（ストレーナー位置、吐出口の断面積（6 cm²を超える））を定めて都道府県知事による許可制としている。

知事の役割は、以下のとおりである。
① 許可（取消しを含む）
② 届出（使用者の変更や承継の届出、採取や使用の停止時の届出、動力によらない場合、吐出口断面積が6 cm²以下とした時の届出）
③ 使用者に対する採取制限措置命令
④ 立入検査

3 事業者への規制と罰則

(1) 法律にもとづく事業者への規制と罰則

指定地域内の井戸により地下水を採取してこれを工業の用に供しようとする者は、井戸ごとに、ストレーナーの位置および揚水機の吐出口の断面積を定めて、都道府県知事の許可（許可内容の変更や承継も含む）を受けなければならない。その際には、許可申請書を知事に提出しなければならない。許可を受けないで地下水を採取して使用した場合は、懲役または罰金が科される。

また、使用者の変更等や使用者の地位を承継する場合には、都道府県知事への届出が義務づけられている。それらの届出をせず、または虚偽の届出をした者には、罰金が科される。

なお、知事からの報告の徴収や立入検査があり、それに従わない、もしくは虚偽の報告をする等があった場合には、それぞれに懲役や罰則等がある。

Ⅶ　地盤沈下防止に係る規制対策

(2)　条例にもとづく事業者への規制と罰則

　地盤沈下は、地質構造や地下水の利用状況等の諸条件によって発生の形態が異なるうえ、地域特性もあることから、画一的な基準を設けることは難しい。そこで、多くの都道府県では公害防止関連条例において、地下水採取に関する規定もしくは地盤沈下の防止に関する規定等を設けている。2014（平成26）年7月現在、26都道府県が、条例において地盤沈下に関して規定している。

　例えば、工業用水法に係る指定地域がある都道府県でも、同法の指定地域とは別に、独自に地域を指定して規制している事例がある（図6-Ⅶ-1参照）。

　宮城県では、公害防止条例において、地盤沈下を防止するため、地下水の採取により地盤が沈下している地域または沈下するおそれがあると認める地域で、代替水源が確保され、または確保される見込みがあるものを「地下水採取規制地域」として知事が指定する。地下水採取規制地域内において、揚水設備によ

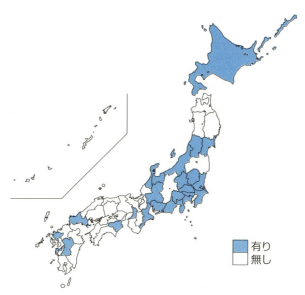

※1　都道府県独自の指定地域：地盤沈下に関連する、もしくは地下水採取や水源保全のなかで地下水採取に関する規定がある都道府県を「有り」とした。
※2　北海道および山口県は指定地域を定めることとしているが、具体的な地域は指定されていない。
※3　岐阜県の水源地域は、水源地域保全を主たる目的としており、地盤沈下対策の側面はない

図6-Ⅶ-1　条例による地盤沈下に関する独自の指定地域の適用状況

● 第6章　公害防止条例の制度と運用

り地下水を採取する者（「採取者」）のうち、吐出口断面積が19cm²以上の揚水設備を設置している者は、揚水設備に係る地下水採取量等を測定し、その結果を記録して、知事に報告する義務が課されている。ただし、罰則はない。なお、地下水採取規制地域内で、揚水設備（吐出口断面積が6cm²を超えるもの）により地下水を採取しようとする者には、届出を義務づけている。届出の義務は、業種および用途にかかわらず、建設工事にともなう揚水も対象となっている。[3]

　埼玉県では、条例で、地下水の採取により地盤の沈下が生じている地域ならびに地盤および地下水の状況から地盤の沈下が生ずるおそれがあると知事が認める地域を「第一種指定地域」「第二種指定地域」と分けて指定している。許可申請においては、法律で規定されているもの以外の「揚水機の定格出力」「水量測定器の種類」「計画採取量（1日当たりの最大採取量および平均採取量ならびに年間採取量）」「使用開始予定年月日」等が必要になっている。

　また、政令による指定地域がない県でも、山形県地下水の採取の適正化に関する条例、茨城県地下水の採取の適正化に関する条例、富山県地下水の採取に関する条例、静岡県地下水の採取に関する条例のように、地下水の採取に関する条例で個別に規定している事例がある。さらに、山梨県地下水及び水源地域の保全に関する条例、熊本県地下水保全条例等のように、独自に制定した地下水保全関連条例のなかで、地盤沈下の防止に関する規定を設けている自治体もある。

　このように、都道府県によっては、規制地域を独自に指定し、各種規制を実施し、許可基準を法律よりも強化している。

[小清水宏如]

3　宮城県 WEB サイト「地盤沈下に係る施策」より引用 http://www.pref.miyagi.jp/soshiki/kankyo-t/jibanchinka.html

Ⅷ　悪臭防止に係る規制対策

1　悪臭と法規制

　1960年代の高度成長期において石油精製、石油化学、パルプ等の製造工場、畜産業からの悪臭が問題になった。そこで、1971（昭和46）年に工場・事業場の事業活動にともなって発生する悪臭について必要な規制を行うこと等により生活環境を保全し、健康の保護に資することを目的として「悪臭防止法」が制定された。不快なにおいの原因となり、生活環境を損なうおそれのある物質であって政令で指定するものを「特定悪臭物質」と定め、現在、アンモニア、硫化水素等22物質が指定されている。

　その後、1996（平成8）年には、それまでは特定悪臭物質を機器で測定する「機器分析法」のみであったが、複合臭等に対応するため、物質を特定しないで規制を行う「臭気指数による規制方法」と人の嗅覚を用いた測定である「嗅覚測定法」がともに導入され、2000（平成12）年には臭気測定業務を行う資格制度「臭気判定士制度」が導入された。

　法律の制定当初は、製造工場や畜産業から出る悪臭に対する苦情が多かったが、これらは次第に減少し、近年では、個人住宅やアパートから出る「ものを燃やすにおい」や「食べ物を調理するときに出るにおい」といった都市・生活型と呼ばれる悪臭苦情が急激に増加している。2012（平成24）年度の悪臭に係る苦情件数[1]を発生源別にみると、「野外焼却に係る苦情」が最も多く、全体の28.0％を占めている。住民一人ひとりのにおいに対する意識が、より多様化かつ敏感になってきたことがうかがえる。

---

[1]　環境省「平成24年度悪臭防止法施行状況調査について」（平成26年1月30日）
　http://www.env.go.jp/air/akushu/kujou_h24/index.html

● 第6章 公害防止条例の制度と運用

2 法律と条例の関係

(1) 特　徴

悪臭防止法では、都道府県の役割を明確に定めており、都道府県は、公害防止関連条例のなかで悪臭防止に関する規定を定め、その範囲において規制等の措置を行っている。

(2) 法律で規定されている都道府県知事の役割

① 規制地域の指定

知事は、関係市町村長の意見を聴取（法第5条）し、住民の生活環境を保全するため、悪臭を防止する必要があると認める地域を指定する（法第3条）。

② 規制基準の設定

規制基準については、「特定悪臭物質の濃度」（法第4条第1項）を規制する方法と人間の嗅覚によってにおいの程度を数値化した「臭気指数」（法第4条第2項）で規制する方法の2通りがある。

出典：環境省「悪臭防止法の手引き　パンフレット（平成18年9月）」より

図6-Ⅷ-1　悪臭防止における規制基準

知事は、規制地域における自然的・社会的条件を考慮して、特定悪臭物質または臭気指数の規制基準を環境省令が定める範囲内で設定する。規制基準は、1）敷地境界線、2）気体排出口、3）排出水について定める（図6-Ⅷ-1参照）。

③ 規制地域の指定および規制基準の設定の公示

知事は、規制地域の指定および規制基準の設定を公示しなければならない（法6条）。これを受けて、都道府県の例規集には、「悪臭防止法に基づく規制地域等の指定」「悪臭防止法に基づく規制基準の設定」が告示されている。都道府県によっては、別々に定めておらず、「悪臭防止法の規定に基づく地域の指定および規制基準の設定」等のように一緒に公表しているところもある。

また、和歌山県や島根県のように、公害防止関連条例もしくはその条例を受けて制定されている規則で定めている県があり、「福島県悪臭防止対策指針」「奈良県悪臭防止対策指導要綱」のように、要綱や指針という形式で制定している県もある。

2000（平成12）年4月より悪臭防止法の規制および測定に関する事務が市町村の自治事務に、2012（平成24）年より悪臭に係る区域内の規制地域の指定、規制基準の設定の権限は、市長に委任されるなど、地方分権が進んでいる。

3　事業者への規制・罰則のポイント

(1) 法律にもとづく事業者への規制・罰則

悪臭に関する規制基準は、規制地域内のすべての工場、その他の事業場が規制対象となる。規制地域内で、事業活動にともない特定悪臭物質を排出（漏出も含む）する工場や事業場（ただし自動車、航空機、船舶等の輸送用機械器具、建設工事、浚渫、埋め立て等のために一時的に設置される作業場、下水道の排水管および排水渠その他一般に事業場の通念に含まれないものには適用されない）は、種類、規模を問わず、一律にこの規制基準を遵守しなければならない。

規制地域内にある事業場設置者が規制基準に適合せず、住民の生活環境が損なわれていると認められる場合は、市町村長から悪臭の防止について改善勧告

を受ける。これに従わない場合には、改善命令が出され、改善命令に違反した場合には罰則が適用される。

また、規制地域内の事業場設置者は、悪臭をともなう事故の発生があった場合は、直ちに市町村長に通報し、応急措置を講じる等の義務がある。市町村長による報告の要求に対して、報告をしない、または、虚偽の報告をした場合や、市町村長が発動する応急措置命令に違反した場合には、罰則が適用される。

(2) 条例にもとづく事業者への規制・罰則

自治体によっては、悪臭に関して法律で定めている事項とは別に独自の規制を課しているところがある。

例えば、茨城県生活環境の保全等に関する条例では、工場等に設置される施設のうち、悪臭を発生する施設を「悪臭特定施設」と定め、規制の対象としている。悪臭特定施設として、パルプ製造用蒸解施設および回収ボイラー、化製場等に係る原料置場、蒸解施設および乾燥施設等が規則で定められている。悪臭特定施設を設置しようとする者は、施設の設置工事の開始の日の30日前までに、当該施設の種類や構造、悪臭の防止方法、悪臭特定施設の配置図等を知事に届け出なければならない。また、悪臭特定施設の構造ならびに使用および管理に係る基準（悪臭施設管理基準）の遵守を義務づけている。知事は、悪臭特定施設を設置している者が管理基準を遵守していないと認めるときは、その者に対し、期限を定めて当該施設について管理基準に従うべきことを命じ、または当該施設の使用の一時停止を命ずることができる。改善命令に従わない場合には、懲役、罰金または過料が科される。また、届出をしない場合や虚偽の届出をした場合にも、罰金が科される。

［小清水宏如］

7 再生可能エネルギーの導入促進と規制対策

Q. 2012年7月、地域の電気工事会社の社長G氏は、再生可能エネルギーの固定価格買取制度ができ、太陽光発電の買取価格が高めに設定されたことを知り、大規模太陽光発電施設（メガソーラー）の建設事業を始めた。会社としては、家庭や事業所向けに屋根置きの太陽光発電設備の設置を多数手がけていたこと、野立ての施工で特段難しい点はなさそうだったことから、野立てでも設備工事のできる自信があった。

投資をしたいという地元企業が見つかり、また、地域のつながりから貸してもよいという土地も見つかった。G氏は、パネル架台やパワーコンディショナー等を調べ、工事費の見積もりを行ったところ、十分な利益が見込まれた。そこで、1,000kW程度のメガソーラーを2か所建設することにした。

ところが、発電設備の設計及び機器調達を行い、建設を始めたところ、地元の市役所から「建設を止めるように」という行政指導が入った。いったい何が起きたのだろうか。

A. G氏の目の付け所はよかった。しかし、建設しようとした土地は、農地転用許可や林地開発許可が必要であった。それらを知らずに建設を進めてしまったのである。メガソーラーの建設に際しては、普段の電気工事にはない許認可の要素がある。このため、土地利用等に関する法律や条例について建設前に調べておく必要がある。

県の温暖化対策実行計画や新エネルギービジョンにも太陽光発電設備の普及促進が謳われていることから、G氏は、県の産業振興課に相談した。県では、関係規制について、関係する法令・条例と相談窓口の一覧を準備しているとのことだった（表7−8参照）。

● 第 7 章　再生可能エネルギーの導入促進と規制対策

1　再生可能エネルギーの普及と法制度

(1)　再生可能エネルギー施策の枠組み

　都道府県における再生可能エネルギーの関連施策には、端的にいえば、導入の促進策と規制がある。都道府県では、一般に地域資源を生かし、地域経済に貢献できる再生可能エネルギーの導入を促進するため、条例や計画を策定している。その一方で、地域環境の保全等の観点から関係する規制が定められており、これに対して適正に対応することが求められている。

　都道府県による再生可能エネルギーの導入については、地球温暖化対策の一環として、「新エネルギー」や「自然エネルギー」の普及促進として進められてきた。そのなかで、2011（平成23）年以降の国のエネルギー政策の変化、具体的には、電気事業者による再生可能エネルギー電気の調達に関する特別措置法（以下「FIT法」という）の制定によって、都道府県では、地球温暖化対策に加えて産業振興という側面も加わってきている。

　本章では、こうした都道府県における再生可能エネルギーの普及と法制度の体系、その動向について概観し、事業者が留意すべき点を取りまとめている。

　なお、（特に再生可能エネルギーの導入促進に関する条例および施策の概要を整理し、）エネルギー政策のうち、省エネルギー対策については、各種省エネルギー促進制度が地球温暖化対策に位置づけられていることから、第2章の範囲とする。また、再生可能エネルギー対策は、温暖化対策実行計画や新エネルギービジョンといった「計画」にもとづくところが多いが、本章では、原則、都道府県の条例による規制を取り上げる。以下では、再生可能エネルギーを「再エネ」と、省エネルギーを「省エネ」と略称する。

　上記に述べたように、再エネ施策は、導入促進策と規制とに分けて考えることができる。これらは、国の法律および都道府県と市町村の条例等によって規定されており、その位置づけについて表7－1に概観を示す。

(2)　国のエネルギー政策の流れ

　日本におけるエネルギー政策の動向を表7－2に示す。1970年代のオイルショック以降、エネルギーの海外依存度を下げるため、省エネ技術開発、自然

1 再生可能エネルギーの普及と法制度

表7-1 再生可能エネルギーに関する主な法律と計画等

区分	法律	都道府県と市町村の条例、計画
導入促進策	地球温暖化対策の推進に関する法律	温暖化対策実行計画
	エネルギー政策基本法	新エネルギービジョン
	バイオマス活用推進基本法	バイオマス活用推進計画
	電気事業者による再生可能エネルギー電気の調達に関する特別措置法	—
規制	農地法・農業振興地域の整備に関する法律	農業振興地域整備計画
	森林法	地域森林計画
	都市計画法	景観条例

表7-2 わが国のエネルギー政策の動向

年代	背景	法律（制定年）	エネルギー政策の特徴
1970〜80年代	石油危機	石油税法施行 非化石エネルギー法（1980年）	原子力発電所の建設促進 新エネルギーの研究開発
1990年代	気候変動枠組条約の発効	地球温暖化対策の推進に関する法律（1998年）	各主体の自主的な取組
2000年代	化石燃料価格の高騰 京都議定書の発効	エネルギー政策基本法（2002年） 電気事業者による新エネルギー等の利用に関する特別措置法（2002年）	京都議定書目標達成計画にもとづく施策（設備導入補助金が中心）
2010年代	原子力発電所事故	電気事業者による再生可能エネルギー電気の調達に関する特別措置法（2011年）	固定価格買取制度による再エネの普及

エネルギーに係る技術開発、原子力発電を中心に進められてきた。特に、再生可能エネルギーに関係するところでは、1974（昭和49）年のサンシャイン計画によって、新エネルギーの技術開発が推進された。法律では、1980（昭和55）年に制定された非化石エネルギーの開発及び導入の促進に関する法律により、新エネルギー・産業技術総合開発機構が発足するなど、再生可能エネルギーの普及施策のスタートは、技術開発への予算配分から始まった。

1990年代に入ると地球温暖化が世界的な課題となり、1998（平成10）年には、

● 第7章　再生可能エネルギーの導入促進と規制対策

地球温暖化対策の推進に関する法律（以下「温対法」という）が制定された。温対法は、国が地球温暖化対策計画を策定し、地方自治体、事業者、国民等の各主体に取組みを求めるものである。

　2000年頃には、新興国の成長にともなう石油価格の高騰を背景に、化石燃料の輸入による貿易収支の悪化が懸念され、国がよりエネルギーシステムに関与すべきとの議論が高まった。そこで、国が日本全体のエネルギーシステムのあり方を計画として策定する制度として「エネルギー政策基本法」が2002（平成14）年に制定された。また、新エネルギーによる電力を拡大するため、2002（平成14）年6月に電気事業者による新エネルギー等の利用に関する特別措置法（以下「RPS法」という）が公布された。RPS法は、電気事業者に対して、一定量以上の新エネルギー等を利用して得られる電気の利用を義務づけることにより、新エネルギー等の利用を推進するものである。

　2011（平成23）年3月の東日本大震災にともなう福島第一原子力発電所事故や電力不足をきっかけに、これまでの原発依存のエネルギー計画が見直され、再エネも1つの主要なエネルギー源とすることが目標となった。再エネを普及拡大するための方策として、2011（平成23）年8月に電気事業者による再生可能エネルギー電気の調達に関する特別措置法が制定された。

(3)　再生可能エネルギー施策に関する国の法制度の概要

　国の再エネ施策では、法律で都道府県に計画の策定等を求めているものがある。そこで、都道府県の再エネ施策に関係する主な国の法制度を紹介する（図7-1）。

①　地球温暖化対策の推進に関する法律

　温対法は、地球温暖化対策として温室効果ガスの排出抑制に関する国の計画の策定と各主体の役割分担等が規定されている。その第20条の3では、都道府県の役割として、自らの事務事業について、温室効果ガス排出量の削減等の実施に関する地方公共団体実行計画を定めるとともに、とその実行計画において区域における温室効果ガス排出量の削減促進策に関する事項を定めることを求めている。そして、実行計画に定める温室効果ガス排出抑制等の施策に関す

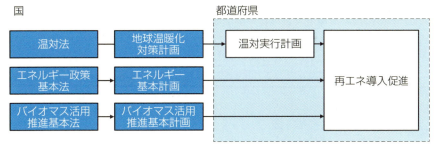

図7-1　国が都道府県に求める再エネ導入促進施策の体系

る事項として、「太陽光、風力その他の化石燃料以外のエネルギーであって、その区域の自然的条件に適したものの利用の促進に関する事項」を定めている。このことから、都道府県は、温対法の規定を根拠に再エネ導入促進策に関する実行計画の策定とそれにもとづく導入促進策の実施が可能となっている。

地球温暖化対策の推進に関する法律（温対法）における都道府県に関する規定の抜粋

（地方公共団体実行計画等）
第二十条の三　都道府県及び市町村は、地球温暖化対策計画に即して、当該都道府県及び市町村の事務及び事業に関し、温室効果ガスの排出の量の削減並びに吸収作用の保全及び強化のための措置に関する計画（以下「地方公共団体実行計画」という。）を策定するものとする。
2　地方公共団体実行計画は、次に掲げる事項について定めるものとする。
一　計画期間
二　地方公共団体実行計画の目標
三　実施しようとする措置の内容
四　その他地方公共団体実行計画の実施に関し必要な事項
3　都道府県並びに指定都市等は、地方公共団体実行計画において、前項に掲げる事項のほか、その区域の自然的社会的条件に応じて温室効果ガスの排出の抑制等を行うための施策に関する事項として次に掲げるものを定めるものとする。
一　太陽光、風力その他の化石燃料以外のエネルギーであって、その区域の自然的条件に適したものの利用の促進に関する事項

二　その区域の事業者又は住民が温室効果ガスの排出の抑制等に関して行う活動の促進に関する事項
＜本項三号以降及び4項以降省略＞

出典：地域温暖化対策の推進に関する法律

②　エネルギー政策基本法

　エネルギー政策基本法（以下「エネ基法」という）は、エネルギーの安定供給の確保、環境への適合、市場原理の活用という3つの基本方針のもと、国によるエネルギー基本計画の策定と各主体の役割分担が規定されている。地方自治体に対する役割分担は、区域施策の策定とともに、省エネや再エネに係る設備の率先導入が求められている。

エネルギー政策基本法（エネ基法）における都道府県に関する規定の抜粋

（地方公共団体の責務）
第六条　地方公共団体は、基本方針にのっとり、エネルギーの需給に関し、国の施策に準じて施策を講ずるとともに、その区域の実情に応じた施策を策定し、及び実施する責務を有する。
2　地方公共団体は、エネルギーの使用に当たっては、エネルギーの使用による環境への負荷の低減に資する物品を使用すること等により、環境への負荷の低減に努めなければならない。

出典：エネルギー政策基本法

③　バイオマス活用推進基本法

　バイオマス活用推進基本法は、基本理念を定め、関係者の責務を明らかにし、国の施策の基本事項を定めることにより、バイオマスの利活用に関する施策を総合的かつ計画的に推進するものである。このなかで、地方公共団体の責務として、施策の策定と実施を謳っている。具体的には、都道府県及び市町村では、バイオマス活用推進基本計画を勘案し、それぞれの地域のバイオマス活用推進計画の策定に努めることとされている。2014（平成26）年7月現在、15都道府県が計画を策定している。

バイオマス活用推進基本法における都道府県に関する規定の抜粋

> （地方公共団体の責務）
> 第十五条　地方公共団体は、基本理念にのっとり、バイオマスの活用の推進に関し、国との適切な役割分担を踏まえて、その地方公共団体の区域の自然的経済的社会的諸条件に応じた施策を策定し、及び実施する責務を有する。

出典：バイオマス活用推進基本法

④　電気事業者による再生可能エネルギー電気の調達に関する特別措置法

　都道府県に再エネ施策の計画等を求めている上記の3法と違った形で、都道府県に影響を与えているのが、2011（平成23）年7月に制定された電気事業者による再生可能エネルギー電気の調達に関する特別措置法（以下「FIT法」という）である。この法律の概要については、次頁のコラムを参照されたい。

　FIT法は、電気事業者に対し、太陽光などの再エネで発電された電力を一定期間、一定価格で買い取ることを義務づけた制度であり、「固定価格買取制度」とも呼ばれる。買取価格は、発電コストと目標導入量を考慮してその年ごとに決定されるが、当初3年間は、事業者の参入促進を狙い、高めの買取価格が設定された。そのため、多くの発電所の開発が行われ、地域によっては景観との調和などが問題になっている。

● 第 7 章　再生可能エネルギーの導入促進と規制対策

【コラム】固定価格買取制度の概要

法　律　名：電気事業者による再生可能エネルギー電気の調達に関する特別措置法

通　　称：FIT 制度、再生可能エネルギー特別措置法

法の概要：法で定めるのは、以下の2つのポイント。
・電力会社に対して、再生可能エネルギー発電事業者から政府が定めた調達価格およびその期間による電気の供給契約の申込みがあった場合には、応じるように義務化。
・制度運用にともない電気事業者が電力の買取に要した費用は、原則「賦課金」として電気料金に上乗せされて国民が負担する。

2014（平成26）年度の買取単価：

電源	調達区分	調達価格1kWh当たり	調達期間
太陽光	10kW以上	32 円(+税)	20 年
	10kW未満(余剰買取)	37 円	10 年
	10kW未満(ダブル発電・余剰買取)	30 円	
風力	20kW以上	22 円(+税)	20 年
	20kW未満	55 円(+税)	
洋上風力(※1)	―	36 円(+税)	
地熱	1.5万kW以上	26 円(+税)	15 年
	1.5万kW未満	40 円(+税)	
水力	1,000kW以上30,000kW未満	24 円(+税)	20 年
	200kW以上1,000kW未満	29 円(+税)	
	200kW未満	34 円(+税)	
既設導水路活用中小水力(※2)	1,000kW以上30,000kW未満	14 円(+税)	
	200kW以上1,000kW未満	21 円(+税)	
	200kW未満	25 円(+税)	

(※1)建設及び運転保守のいずれの場合にも船舶によるアクセスを必要とするもの。
(※2)既に設置している導水路を活用して、電気設備と水圧鉄管を更新するもの。

電源	バイオマスの種類	バイオマスの例	調達価格1kWh当たり	調達期間
バイオマス	メタン発酵ガス(バイオマス由来)	下水汚泥・家畜糞尿・食品残さ由来のメタンガス	39 円(+税)	20 年
	間伐材等由来の木質バイオマス	間伐材、主伐材(※3)	32 円(+税)	
	一般木質バイオマス・農作物残さ	製材端材、輸入材(※3)、パーム椰子殻、もみ殻、稲わら	24 円(+税)	
	建設資材廃棄物	建設資材廃棄物、その他木材	13 円(+税)	
	一般廃棄物・その他のバイオマス	剪定枝・木くず、紙、食品残さ、廃食用油、汚泥、家畜糞尿、黒液	17 円(+税)	

(※3)「発電利用に供する木質バイオマスの証明のためのガイドライン」に基づく証明のないものについては、建設資材廃棄物として取り扱う。

出典：「再生可能エネルギー固定価格買取制度ガイドブック」（2014 年、経済産業省）

2　都道府県における再生可能エネルギー条例

(1)　条例の制定状況

　再生可能エネルギーの導入促進に関して、「新エネルギー」「自然エネルギー」という表現も含めて、再エネ個別条例や温対条例等のなかに規定している都道府県は、2014（平成26）年7月30日現在で25団体になる（表7-3）。このうち、再生可能エネルギーの導入促進を主題とした個別条例を定めている都道府県は、北海道、岩手県、宮城県、東京都、神奈川県、佐賀県、大分県の7団体である。22の都道府県では、地球温暖化対策条例等のなかに、再生可能エネルギー導入促進について規定している。また、環境省の再生可能エネルギー等導入促進基金の受皿となる基金の条例を有している都道府県が29団体ある。

表7-3　再生可能エネルギーの導入促進に関する条例等の制定状況

団体名	再エネ導入促進の記載がある温対条例等	再エネ導入促進条例	再エネ基金条例
北海道	北海道地球温暖化防止対策条例	北海道省エネルギー・新エネルギー促進条例	北海道グリーンニューディール基金条例
青森県	—	—	青森県再生可能エネルギー等導入推進基金条例
岩手県	岩手県環境の保全及び創造に関する基本条例	新エネルギーの導入の促進及び省エネルギーの促進に関する条例	再生可能エネルギー設備導入等推進基金条例
宮城県	—	宮城県自然エネルギー等・省エネルギー促進条例	宮城県地域環境保全特別基金条例
秋田県	秋田県地球温暖化対策推進条例	—	秋田県再生可能エネルギー等導入推進臨時対策基金条例
山形県	—	—	山形県再生可能エネルギー等導入促進事業等基金条例
福島県	—	—	福島県環境保全基金条例
茨城県	茨城県地球環境保全行動条例	—	茨城県環境保全基金条例
栃木県	栃木県生活環境の保全等に関する条例	—	栃木県地域環境保全基金条例
群馬県	群馬県地球温暖化防止条例	—	群馬県地域グリーンニューディール基金条例
埼玉県	埼玉県地球温暖化対策推進条例	—	—
千葉県	—	—	千葉県再生可能エネルギー等導入推進基金条例
東京都	—	東京都省エネルギーの推進及びエネルギーの安定的な供給の確保に関する条例	—
神奈川県	神奈川県地球温暖化対策推進条例	神奈川県再生可能エネルギーの導入等の促進に関する条例	神奈川県再生可能エネルギー等導入推進基金条例

● 第7章　再生可能エネルギーの導入促進と規制対策

団体名	再エネ導入促進の記載がある温対条例等	再エネ導入促進条例	再エネ基金条例
新潟県	—	—	—
富山県	—	—	富山県再生可能エネルギー等導入推進基金条例
石川県	ふるさと石川の環境を守り育てる条例	—	—
福井県	—	—	—
山梨県	山梨県地球温暖化対策条例	—	山梨県再生可能エネルギー等導入推進基金条例
長野県	長野県地球温暖化対策条例	—	資金積立基金条例（長野県グリーンニューディール基金、長野県自然エネルギー地域基金）
岐阜県	岐阜県地球温暖化防止基本条例	—	岐阜県再生可能エネルギー等導入推進基金条例
静岡県	—	—	—
愛知県	—	—	—
三重県	三重県地球温暖化対策推進条例	—	—
滋賀県	滋賀県低炭素社会づくりの推進に関する条例	—	滋賀県環境保全基金条例
京都府	京都府地球温暖化対策条例	—	京都府地球温暖化対策等推進基金条例
大阪府	—	—	大阪府再生可能エネルギー等導入推進基金条例
兵庫県	—	—	環境保全基金条例
奈良県	—	—	奈良県環境保全基金
和歌山県	和歌山県地球温暖化対策条例	—	和歌山県地域環境保全基金の設置、管理及び処分に関する条例
鳥取県	—	—	—
島根県	—	—	しまね環境基金条例
岡山県	岡山県環境への負荷の低減に関する条例	—	岡山県環境保全・循環型社会形成推進基金条例 岡山県再生可能エネルギー等推進基金条例
広島県	—	—	—
山口県	—	—	—
徳島県	徳島県地球温暖化対策推進条例	—	—
香川県	—	—	香川県再生可能エネルギー等導入推進基金条例
愛媛県	—	—	—
高知県	—	—	高知県グリーンニューディール基金条例
福岡県	—	—	福岡県環境保全基金条例
佐賀県	—	佐賀県新エネルギー・省エネルギー促進条例	—
長崎県	長崎県未来につながる環境を守り育てる条例	—	—
熊本県	熊本県地球温暖化の防止に関する条例	—	熊本県環境保全基金条例
大分県	—	大分県エコエネルギー導入促進条例	大分県地域環境保全基金条例
宮崎県	みやざき県民の住みよい環境の保全等に関する条例	—	宮崎県環境保全基金条例
鹿児島県	鹿児島県地球温暖化対策推進条例	—	鹿児島県環境保全基金条例
沖縄県	—	—	—

(2) 再生可能エネルギー施策の条例上の位置づけ

再エネ導入促進策について条例等での位置づけは、大きく3つのタイプに分けられる。1つは、地域資源として積極的な活用をめざし、再エネ導入促進策に関する条例を個別に制定している都道県である。2つ目は、地球温暖化対策法にもとづく実行計画のなかで、再エネ導入促進策を位置づけている府県であり、3つ目は、再エネ導入促進策について条例上は位置づけていない県である。

前述の法制度の項で説明したように、温対法やエネ基法の都道府県の責務にもとづき、都道府県は再エネ導入促進策を進めることが求められている。これに加えて、多くの都道府県では、温対条例や再エネ条例等を制定して再エネ導入促進策を規定している。

以下、3つのタイプごとに再エネ導入促進施策の位置づけに対する考え方を整理する。

① 再生可能エネルギー導入促進用に係る条例を持つ都道県

再エネ導入促進等に係る条例は、制定されているすべての都道県において議員提案である。議員提案となった背景は、制定された年代によって異なっている。

まず、2001～2003（平成13～15）年に制定された北海道、岩手県、宮城県、大分県については、この年代は、地球温暖化対策が強く求められた時期であり、それに議会が応えた形での条例の制定である。例えば2002（平成14）年に制定した宮城県では、温対法による実行計画が求められる前に、自ら再エネ施策や省エネ施策に関する計画の策定等を条例上に規定したものであり、国の施策を先取りした制度であったといえる。

2005（平成17）年制定の佐賀県の場合は、この年の実行計画の策定が求められたタイミングで、県の地球温暖化対策として、新エネルギー・省エネルギーの促進を目的として策定している。つまり、佐賀県の新エネルギー・省エネルギー促進条例は、他の都道府県にみられる温対条例に該当する位置づけである。

2011～2013（平成24～26）年に制定された東京都と神奈川県については、東日本震災以降のエネルギー意識の高まりを受けて議会が制定したものである。

② 地球温暖化対策条例に位置づけている府県

地球温暖化対策の1つとして再エネ導入促進があることから、多くの府県では、温対条例や生活環境条例において再エネ施策を位置づけ、実行計画等のなかで具体的に定めている。温対条例の内容については、後述する。

③ 条例上の位置づけがない県

再エネ導入促進施策は、温対法の実行計画において位置づけることが可能であり、特に条例での規定は必要がないものである。①と②以外の県では、温対法の実行計画を策定し、このなかで再エネ導入促進を位置づけている。

(3) 地球温暖化対策条例等における再生可能エネルギー施策の規定

22の都道府県において、地球温暖化対策の推進を目的とした条例に再エネ導入促進が位置づけられいる（図7-2参照）。そのうち6県では、地球温暖化対策が環境保全を目的とする条例に組み込まれていることから、再エネ導入促進もそのなかに位置づけられている。

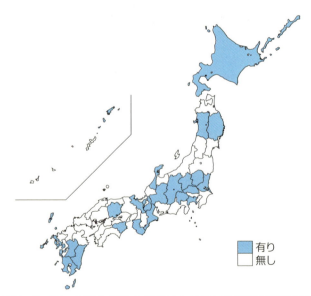

図7-2　再エネ導入促進の条項のある温対条例等の制定状況

規定されている内容は、基本的には、①県の率先導入、②県からの情報提供、③市町村、県民、事業者への支援である。

条例に盛り込まれている内容は、都道府県によって異なっており、**表7-4**を参照いただきたい。また、こうした基本的な内容に追加して、一部の都道府県で特徴的な条項もみられる。ここでは、以下の3点を紹介する。

① エネルギー計画書の提出の義務づけ（北海道、東京、長野、京都）

エネルギー事業者（電気事業者や都市ガス事業者）に対して、再エネの導入量等の計画を提出させるものである。これにより、エネルギー事業者に再エネ導入促進の具体的な取組みを促すとともに、道府県が二次エネルギーの再エネ構成比を知ることができる。

② 温室効果ガス排出削減計画書への算入（東京、京都、和歌山、熊本、宮崎）

温室効果ガス排出量の削減に係る計画書（温暖化対策計画書）制度がある都道府県では、一般的に削減量として事業所内の再エネ導入を算入できる。これに対して、東京都などでは、事業所外での再エネ導入についても排出量削減に算入できる仕組みである。

③ 再生可能エネルギー技術に係る研究開発の促進（神奈川、滋賀、和歌山）

研究開発の推進を規定する県では、再エネの技術開発に対する補助金など予算を確保できるようにしている。例えば、神奈川県は、再生可能エネルギーの導入等の促進に関する条例にこの趣旨を規定しており、エネルギー・環境分野の関連産業の集積や実証地としての特区化を推進している。

(4) 再生可能エネルギー導入促進に関する条例の内容

具体的な再エネ導入促進施策に関する条例は、7都道県で制定している。このうち、神奈川県は再生可能エネルギー導入促進を対象とし、神奈川県と大分県を除く5都道県では、省エネルギーの促進も対象としている（**図7-3**参照）。これらの再エネ導入促進の条例は、基本的に理念条例であるが、県の取組みと県民・事業者への努力を求めるとともに、都道県としてのエネルギー計画の策定を位置づけ、各種の再エネ施策の実施を促進するものとなっている。（具体的な条例の内容を**表7-5**に示す）。

● 第7章 再生可能エネルギーの導入促進と規制対策

表7-4 都道府県の再エネ導入促進条項の内容

	条例名	県の責務		県民・事業者の責務	再エネルギー計画書	排出量削減計画書への算入	研究開発の促進
		率先導入	情報提供	導入・利用努力			
北海道	北海道地球温暖化防止対策条例	○	○	○	○	—	—
岩手県	岩手県環境の保全及び創造に関する基本条例 *1	—	○	—	—	—	—
秋田県	秋田県地球温暖化対策推進条例	○	—	○	—	—	—
栃木県	栃木県生活環境の保全等に関する条例	○	—	—	—	—	—
茨城県	茨城県地球環境保全行動条例	○	—	—	—	—	—
群馬県	群馬県地球温暖化防止条例	—	○	—	—	—	—
埼玉県	埼玉県地球温暖化対策推進条例	○	—	—	—	—	—
東京都	都民の健康と安全を確保する環境に関する条例	—	○	—	○	○	—
神奈川県	神奈川県地球温暖化対策推進条例	○	—	○	—	—	○
山梨県	山梨県地球温暖化対策条例	○	—	—	—	—	—
長野県	長野県地球温暖化対策条例	○	○	—	○	—	—
岐阜県	岐阜県地球温暖化防止基本条例	—	○	—	—	—	—
三重県	三重県地球温暖化対策推進条例	△*2	—	—	—	—	—
滋賀県	滋賀県低炭素社会づくりの推進に関する条例	○	○	—	—	—	○
京都府	京都府地球温暖化対策条例						
和歌山県	和歌山県地球温暖化対策条例	○	○	○	—	—	○
岡山県	岡山県環境への負荷の低減に関する条例	○	—	—	—	—	—
徳島県	徳島県地球温暖化対策推進条例	—	○	○	—	—	—
長崎県	長崎県未来につながる環境を守り育てる条例	—	—	○	—	—	—
熊本県	熊本県地球温暖化の防止に関する条例	○	—	○	—	○	—
宮崎県	みやざき県民の住みよい環境の保全等に関する条例	—	—	—	—	○	—
鹿児島県	鹿児島県地球温暖化対策推進条例	○	—	—	—	—	—

*1 新エネルギーの利用等の促進が基本方針として規定されている。
*2 努力規定となっているため「△」とした。

3 再生可能エネルギー導入促進施策の動向

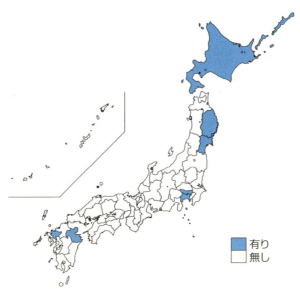

図7-3 再エネ導入促進の個別条例の制定状況

(5) 再生可能エネルギー導入推進基金条例

　国から再生可能エネルギー等導入推進基金の交付を受けている29の道府県では、基金運用のための条例を設けている（図7-4参照）。これらの道府県では、2009（平成21）年度に国がリーマンショック後の雇用対策で交付した地域グリーンニューディール基金や、県が独自に持つ環境基金を基金の受け皿として利用し、その運用に関する条例を制定したものである（表7-6参照）。なお、徳島県は、特に条例を設けずに基金運用を行っている。

3 再生可能エネルギーの導入促進施策の動向

　再エネ導入促進策には、主な対策手段として、大規模太陽光発電等の候補地情報の公表がある。これは、都道府県が自らの域内の大規模太陽光発電施の設建設が可能な公有地、市町村有地、民有地の情報を取りまとめて、事業者に公表する取組みである。

● 第7章 再生可能エネルギーの導入促進と規制対策

表7-5 再生可能エネルギー導入促進条例における内容

	再エネ導入促進条例	制定年月	県のエネルギー計画の策定	県の率先導入	市町村への支援	県民・事業者への支援	市町村の努力	県民・事業者の役割・努力	電気事業者の役割・努力	関連産業の振興・研究開発の推進	情報提供・学習推進	調査	表彰	主体間の連携・相互協力	財政上の措置	審議会設置	実施状況の公表・県民意見の反映	非営利活動法人等への支援	国際協力の推進
北海道	北海道省エネルギー・新エネルギー促進条例	2001(平成13)年1月	○	○	○	○	—	○	—	○	○	○	○	○	○	—	○	—	—
岩手県	新エネルギーの導入の促進及び省エネルギーの促進に関する条例	2003(平成15)年3月	○	○	—	○	—	○	—	○	○	—	—	—	—	—	—	—	—
宮城県	宮城県自然エネルギー等・省エネルギー促進条例	2002(平成14)年7月	○	○	—	○	—	○	—	○	○	○	—	—	—	—	—	—	—
東京都	東京都省エネルギーの推進及びエネルギーの安定的な供給の確保に関する条例	2011(平成23)年7月	○	—	—	—	—	○	—	—	○	—	—	○	—	—	—	—	—
神奈川県	神奈川県再生可能エネルギーの導入等の促進に関する条例	2013(平成25)年7月	○	—	—	○	—	○	—	—	○	—	—	○	—	—	—	—	—
佐賀県	佐賀県新エネルギー・省エネルギー促進条例	2005(平成17)年3月	○	○	—	○	—	○	—	○	○	○	—	—	—	○	—	—	—
大分県	大分県エコエネルギー導入促進条例	2003(平成15)年3月	○	○	○	○	—	○	—	○	○	○	—	○	—	—	—	—	—

※対象に都道もあるが、表中は「県」「県民」としている。

3 再生可能エネルギー導入促進施策の動向

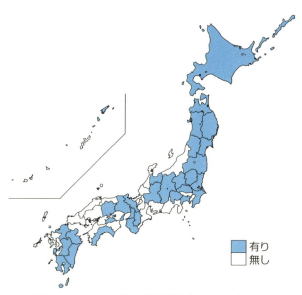

図7-4 再エネ導入推進基金条例の制定状況

表7-6 グリーンニューディール基金および
再生可能エネルギー等導入促進基金の概要

平成21年度（3年間）グリーンニューディール基金 目的　：リーマンショック後の雇用対策 交付先：すべての都道府県および政令指定都市に交付 概要　：総額550億円（3か年事業） 平成23年度補正　再生可能エネルギー等導入推進基金 目的　：災害に強く環境負荷の小さい地域づくり 交付先：被災5県への交付。 概要　：合計840億円 平成24年度および平成25年度　再生可能エネルギー等導入推進基金 目的　：災害に強く環境負荷の小さい地域づくり 交付先：24道府県および7都市（政令指定都市と指定都市） 概要　：平成24年度121億円（3か年事業）、平成25年度245億円（5か年事業）

● 第7章　再生可能エネルギーの導入促進と規制対策

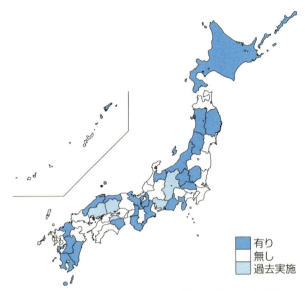

図7-5　太陽光発電所等の候補地情報の公表状況

(1)　**大規模太陽光発電等の候補地情報の公表**

　多くの府県では、FIT導入後に企業誘致の観点から候補地情報公表制度が実施され、事業可能な土地における事業者は決定している状況である（図7-5参照）。また、一部の府県では、事業可能な土地が出尽くしたことから、この取組みを終了している。なお、栃木県では、FIT制度が導入される前からこの制度を始めており、先進的な取組みである。2014（平成26）年は、小水力発電の候補地に対する事業者公募も行っている。

(2)　**特徴的な再生可能エネルギー導入促進施策**

　その他の特徴的な再エネ導入促進施策として、神奈川県の「かながわソーラーバンクシステム」と長野県の「自然エネルギー信州ネット」の取組みを紹介する。

①　**かながわソーラーバンクシステム**（神奈川県）

　この制度は、家庭用太陽光発電システムの導入をする県民に対し、設備工事会社の選定や補助金申請などをワンストップサービスで提供するものである。

設備工事会社よりモデルプランごとの販売価格を提示させ、価格の透明性を得るとともに、設備工事会社による価格低下を促している点が特徴的である。

② 自然エネルギー信州ネット（長野県）
長野県は、自然エネルギー導入促進を目的とした県民主体のネットワーク形成を支援するため、「自然……」を設けている。現在はネットワークに参加する事業者や県民が主体的に活動している。このネットワークでは、県内の自然エネルギーの導入状況や潜在性を把握するとともに、長野県が行う再エネ導入促進施策を展開するための基盤となっている。

(3) 市町村の再生可能エネルギー導入促進条例
都道府県の再エネ導入促進に関する条例は、理念にとどまる内容が多くみられるが、市町村の条例では、具体的な取組みを規定している事例がある。ここでは、飯田市と小田原市の条例について紹介する。

① 飯田市再生可能エネルギーの導入による持続可能な地域づくりに関する条例
この条例では、「自然環境及び地域住民の暮らしと調和する方法により、再生可能エネルギー資源を再生可能エネルギーとして利用し、当該利用による調和的な生活環境の下に生存する権利」を「地域環境権」と定義し、市民に地域環境権を保障し、市民による地域環境権の行使を支援する内容となっている。この方向性にもとづき、再エネ事業への市民の参加と市行政との公民協働の関係をルール化している。再エネ発電等の事業者に対して、直接的な規制を設けているものではないが、市民に地域の再エネ利用に関して権利化することで、再エネ事業を地域に資するものへと誘導している。

② 小田原市再生可能エネルギーの利用等の促進に関する条例
条例の内容は、市の計画と率先導入、市民・事業者の努力といった理念型の条例であるが、条例にもとづき、市民参加型再生可能エネルギー事業の認定・支援と、普通財産の無償貸付または減額貸付を定めている点が特徴的である。これにより、市民に利益が還元される形で市の施設等を再エネ事業に利用でき

● 第 7 章　再生可能エネルギーの導入促進と規制対策

る仕組みができており、市も積極的に関与して、再エネ事業の創出を行っている。

4　事業者への主要な規制事項のポイント

(1)　再生可能エネルギー設備の建設等に係る関係法令の規制

　再エネ設備の建設等においては、多分野にまたがる多様な法律および条例の規制対象となる場合があり、これらの確認が欠かせない。自然保護や景観に関する条例では、都道府県との事前協議が必要になるケースがある。

　例えば、山梨県自然環境保全条例では、施行規則において、「世界遺産景観保全地区」は、太陽電池モジュールの総面積 10,000 ㎡の太陽光発電設備に対して県と事前協議を行い、自然環境保全協定を締結する義務を課している。

　都道府県の一部では、こうした関係法令の一覧を作成し、事業者が許認可で利用できるよう公表している（図 7-6 参考）。また、公表していない都道府県でも、担当部局が取りまとめており、相談に行けば、指導を受けられる場合が

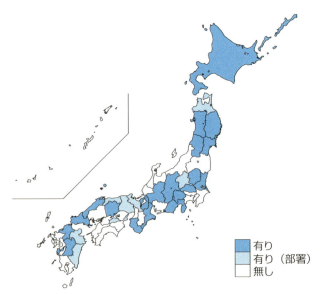

図 7-6　大規模太陽光発電事業に係る関係法令の公表状況

4 事業者への主要な規制事項のポイント

ある。この取組みは、事業者による法令にもとづく適切な事業開発および市町村における行政指導を促進する上で、重要な役割を果たしている。

次項では、一例として、山口県が作成しているメガソーラー建設にともなう関係法令を紹介する（表7-7参照）。詳細については、都道府県の再エネ導入促進を担当する部署（表7-8参照）に問い合わせいただきたい。

表7-7 大規模太陽光発電事業に係る主な関係法令等の相談窓口（山口県の例）

	法令	条項	許認可等の内容	相談窓口 制度全般	相談窓口 相談・手続
1	土壌汚染対策法	4条	土地の形質の変更届（面積3,000㎡以上かつ深さ50cm以上）	山口県環境生活部 環境政策課 水質環境班 083-933-3038	各健康福祉センター（下関市は市役所）
2	国土利用計画法	23条	一定面積以上の土地売買等の届出	山口県地域振興部 地域政策課 土地・水資源対策班 083-933-2532	各市町開発担当
3	都市計画法	29条	開発行為の許可	山口県土木建築部 建築指導課 開発審査班 083-933-3866	全部委任市（下関市・宇部市・山口市・萩市・防府市・周南市）一部委任市（岩国市・光市・長門市・柳井市・山陽小野田市）上記以外の市町は岩国・柳井・周南・宇部・萩土木建築事務所
3	都市計画法	42条	開発許可を受けた土地における建築等の制限		
3	都市計画法	43条	開発許可を受けた土地以外の土地における建築等の制限		
3	都市計画法	53条	都市計画施設又は市街地開発事業の施行区域内における建築等の許可	山口県土木建築部 都市計画課 まちづくり推進班 083-933-3725	各市町都市計画担当
3	都市計画法	58条	風致地区内における建築等の規制		
3	都市計画法	65条	都市計画事業地内における建築等の制限		
4	文化財保護法	93条第1項 94条第1項	周知の埋蔵文化財包蔵地における土木工事等の届出・通知	山口県教育庁 社会教育・文化財課 埋蔵文化財班 083-933-4560	各市町開発担当
4	文化財保護法	96条第1項 97条第1項	遺跡が発見された場合の届出・通知		
5	森林法	10条の8	地域森林計画対象民有林における立木の伐採の届出	山口県農林水産部 森林整備課 林地保全班 083-933-3480	各市町
5	森林法	10条の2	地域森林計画対象民有林における1haを超える開発行為の許可		各農林事務所森林部（萩市、阿武町は市町役場）
5	森林法	34条第1項	保安林における立木の伐採の許可		各農林事務所森林部
5	森林法	34条第2項	保安林における土地の形質変更行為の許可		各農林事務所森林部（萩市、長門市、阿武町、山陽小野田市は市町役場）
5	森林法	27条	保安林の指定の解除		各農林事務所森林部
6	農地法	4条	農地転用の許可	山口県農林水産部 農業経営課 農振・農地班 083-933-3340	各市町農業委員会（和木町は町役場）
6	農地法	5条	農地又は採草放牧地の転用のための売買・賃貸借等の許可		
7	農業振興地域整備法	15条の2	農用地区域内における開発行為の許可	山口県農林水産部 農業経営課 農振・農地班 083-933-3340	各市町（和木町を除く）
8	都市緑地法	14条	特別緑地保全地区内における行為等の許可	山口県土木建築部 都市計画課 まちづくり推進班 083-933-3725	宇部市開発担当（対象は宇部市のみ）
9	生産緑地法	8条	生産緑地地区内における行為等の許可	山口県土木建築部 都市計画課 まちづくり推進班 083-933-3725	県内対象地域なし
10	河川法	24、26条他	河川区域内等における占用の許認可	山口県土木建築部 河川課 水政班 083-933-3770	各土木建築事務所
11	海岸法	7、8条	海岸区域内における占用の許認可	山口県土木建築部 河川課 水政班 083-933-3770	各土木建築事務所

● 第 7 章　再生可能エネルギーの導入促進と規制対策

	法　令	条　項	許認可等の内容	相談窓口 制度全般	相談窓口 相談・手続
12	砂防法	4条	砂防指定地内における開発行為等の許認可	山口県土木建築部 砂防課　管理班 083-933-3750	各土木建築事務所
13	地すべり等防止法	18条	地すべり防止区域内における開発行為等の許認可	山口県土木建築部 砂防課　管理班 083-933-3750 山口県農林水産部 農村整備課　経理班 083-933-3400 森林整備課　林地保全班 083-933-3480	砂防課所管 各土木建築事務所 農村整備課、森林整備課所管 各農林事務所
14	急傾斜地崩壊防止法	7条	急傾斜地崩壊危険区域内における開発行為等の許認可	山口県土木建築部 砂防課　管理班 083-933-3750	各土木建築事務所
15	自然公園法	20、21、33条他	国立、国定公園区域内における開発等の行為規制	山口県環境生活部 自然保護課　自然共生推進班 083-933-3060	各農林事務所森林部 (萩市は市役所)
16	山口県立自然公園条例	12、14条他	山口県立自然公園区域内における開発等の行為規制	山口県環境生活部 自然保護課　自然共生推進班 083-933-3060	各農林事務所森林部 (萩市は市役所)
17	自然環境保全法	25条	自然環境保全地域内における開発等の行為規制	山口県環境生活部 自然保護課　自然共生推進班 083-933-3060	県内対象地域なし
18	山口県自然環境保全条例	第18条	緑地環境保全地域内における行為の届出	山口県環境生活部 自然保護課　自然共生推進班 083-933-3060	各農林事務所森林部 (防府市、山陽小野田市は市役所)
		第24条	自然記念物に関する行為の届出	山口県環境生活部 自然保護課　自然・野生生物保護班 083-933-3050	各農林事務所森林部 (防府市、山陽小野田市は市役所)
19	山口県自然海浜保全地区条例	第4条	自然海浜保全地区内における行為の届出	山口県環境生活部 自然保護課　自然共生推進班 083-933-3060	各健康福祉センター（下関市は山口県環境生活部自然保護課）
20	鳥獣保護法	第29条	鳥獣保護区特別保護地区内における開発等の許可	山口県環境生活部 自然保護課　自然・野生生物保護班 083-933-3050	各農林事務所森林部
21	種の保存法	37、38、39条	生息地等保護区域内における開発等の許認可等	山口県環境生活部 自然保護課　自然・野生生物保護班 083-933-3050	中国四国地方環境事務所 (086-223-1577)
22	騒音規制法	14条	騒音規制地域内における特定建設作業の届出	山口県環境生活部 環境政策課　大気・化学物質環境班 083-933-3034	各市町環境担当
23	振動規制法	6条	振動規制地域内における特定建設作業の届出	山口県環境生活部 環境政策課　大気・化学物質環境班 083-933-3034	各市町環境担当
24	山口県公害防止条例	49条	騒音規制地域内における特定建設作業の届出	山口県環境生活部 環境政策課　大気・化学物質環境班 083-933-3034	各健康福祉センター (下関市は市役所)
25	電波法	102条の3	電波障害防止区域ないにおける建設等の届出	総務省中国総合通信局 広島市中区東白島町19-36 082-222-3364	
26	航空法	49条	航空障害を防止するための措置	山口県山口宇部空港事務所 山口県宇部市沖乃部625 0836-21-5841	
27	景観法	16条	景観計画区域内における建築物等の行為の届出等	山口県土木建築部 都市計画課　まちづくり推進班 083-933-3725	各市町景観担当
28	採石法	32条、33条	採石業者の登録及び採石計画の認可等	山口県商工労働部 新産業振興課　産業資源班 083-933-3155	山口県商工労働部商政課 (萩市、美祢市、阿武町の採石計画の認可等を除く)
29	建築基準法	6条第1項 88条第1項	建築物、工作物の確認申請	山口県土木建築部 建築指導課　審査班 083-933-3839	下関市、宇部市、山口市、萩市、防府市、周南市、岩国市、長門市、山陽小野田市の建築行政担当課 上記以外の市町は各土木建築事務所建築住宅課
30	土砂災害防止法	9条	土砂災害特別警戒区域内における特定開発行為の許認可	山口県土木建築部 砂防課　管理班 083-933-3750	各土木建築事務所
		23条、24条	土砂災害特別警戒区域内における居室を有する建築物の構造の規制	山口県土木建築部 砂防課　管理班 083-933-3750 建築指導課　審査班 083-933-3839	下関市、宇部市、山口市、萩市、防府市、周南市、岩国市、長門市、山陽小野田市の建築行政担当課 上記以外の市町は各土木建築事務所建築住宅課

出典：山口県ウェブサイト

4 事業者への主要な規制事項のポイント

表7-8 再エネ導入促進の担当部署一覧

2014年7月現在

	担当部署	電話番号
北海道	経済部 産業振興局 環境・エネルギー室	011-204-5188 011-204-5318
青森県	エネルギー総合政策局 エネルギー開発振興課	017-734-9243
岩手県	環境生活部 環境環境生活企画室 温暖化・エネルギー対策担当	019-629-5272
宮城県	環境生活部 再生可能エネルギー室	022-211-2654
秋田県	産業労働部 資源エネルギー産業課 生活環境部 温暖化対策課	018-860-2281
山形県	環境エネルギー部 エネルギー政策推進課	023-630-3053
福島県	企画調整部 エネルギー課	024-521-8417
茨城県	企画部科学技術振興課	021-301-2499
栃木県	環境森林部 地球温暖化対策課	028-623-3187
群馬県	企画部 新エネルギー推進課	027-898-2456
埼玉県	環境部環境政策課 環境エネルギー・放射線担当 温暖化対策課 エコエネルギー推進担	048-830-3024
千葉県	商工労働部 産業振興課	043-223-2613
東京都	環境局都市エネルギー部 再生可能エネルギー推進課	03-5388-3533
神奈川県	産業労働局エネルギー部 地域エネルギー課	045-210-4076
新潟県	産業振興課 新エネルギー資源開発室	025-280-5257
富山県	商工労働部 商工企画課	076-444-3242
石川県	企画振興部 企画課	076-225-1311
福井県	安全環境部 環境政策課	0776-20-0301
山梨県	エネルギー局 エネルギー政策課	055-223-1502
長野県	環境部 環境エネルギー課	026-235-7179
岐阜県	商工労働部 新産業振興課	058-272-8835
静岡県	企画広報部 政策企画局 エネルギー政策課	054-221-2978
愛知県	環境部 大気環境課 地球温暖化対策室	052-954-6242
三重県	雇用経済部 エネルギー政策課	059-224-2316
滋賀県	商工観光労働部 地域エネルギー振興室	077-528-3721
京都府	文化環境部 環境・エネルギー局 エネルギー政策課	075-414-4297
大阪府	環境農林水産部 エネルギー政策課	06-6210-9319
兵庫県	農政環境部 環境管理局温暖化対策課	078-362-3237
奈良県	地域振興部 エネルギー政策課	0742-27-8733
和歌山県	商工観光労働部 企業政策局 産業技術政策課	073-441-2373
鳥取県	生活環境部 環境立県推進課 エネルギーシフト戦略室	0857-26-7879
島根県	地域振興部 地域政策課	0852-22-6713
岡山県	環境文化部 新エネルギー・温暖化対策室	086-226-7297
広島県	環境県民局 環境政策課	082-513-2913
山口県	環境生活部 環境政策課	083-933-2690
徳島県	県民環境部 環境首都部 自然エネルギー推進室	088-621-2260
香川県	環境森林部 環境政策課	087-832-3215
愛媛県	経済労働部 産業政策課	089-912-2477
高知県	林業振興・環境部 新エネルギー推進課	088-821-4538
福岡県	企画・地域振興部 総合政策課 エネルギー政策室	092-643-3228
佐賀県	農林水産商工本部 新エネルギー課	0952-25-7380
長崎県	産業労働部 グリーンニューディール推進室	095-894-3421
熊本県	環境生活部環境局環境立県推進課 商工観光労働部新産業振興課	096-333-2264 096-333-2326
大分県	商工労働部 工業振興課 エネルギー政策班	097-506-3263
宮崎県	環境森林部 環境森林課 温暖化・新エネルギー対策担当	0985-26-7084
鹿児島県	企画部 エネルギー政策課	099-286-2425
沖縄県	商工労働部 産業政策課 産業基盤班	098-866-2330

(2) 太陽光発電設備の設置に係わる規制内容——山口県の事例

ここでは、主な法律等による規制の内容として、①農地法および農業振興地域の整備に関する法律、②森林法、③自然公園条例および景観条例を紹介する。これらは、許可を取得せず事業を進めた場合には、事業を停止させられる可能性がある規制であり、事業計画の初期段階で確認しておく必要がある。

① 農地法および農業振興地域の整備に関する法律の規制

農地法により、農地を他の用途に使うことは厳しく制限されている。農地法における農地の定義は、「耕作に供する土地」となっており、地目が「田」「畑」「牧草地」でなくても、現況が農地として利用されていれば、「農地」となる。なかでも、10ha以上の農地が連続した地域は「第1種農地」とされ、農地法で原則農地転用ができない規定となっている。

また、農業振興地域の整備に関する法律による「農業振興地域農用地区」に指定されている場合は、農地転用の前に農用地区除外手続が必要となる。連続した農地において、その生産性に悪影響が生じる場合には、農用地区除外は認められない場合が多い。また、過去8年以内に整備事業を行っている農地についても認められていない。

② 森林法の規制

森林法第5条において、都道府県は、森林として保全すべき民有林に対して「森林計画対象民有林」として指定することができる。事業者は、この森林計画のうち面積1ha以上を開発する場合、知事の許可が必要である。

森林計画対象民有林は、都道府県が独自に網掛けするものであり、一般的に地権者は、その事実を知らないケースが多く、知事許可を得ずに開発を進めてしまう場合がみられる。

林地開発には、排水対策等の専門的な計画の作成が必要である。このため、開発コンサルタントへの委託費などの費用と、事前協議から許可書交付まで半年程度の期間が必要になる。また、林地開発では、25％の森林を残す必要があることにも注意しなければならない。

4 事業者への主要な規制事項のポイント

表7-9 自然環境等と再生可能エネルギー発電設備設置事業との調和に関する条例の概要

（大分県由布市、2014年1月施行）

対象事業：事業区域が5,000m²を超える事業
事業者の責務：
・自然環境、景観、生活環境への十分な配慮と住民との良好な関係の維持（努力）
・事業に必要な公共施設および公共的施設を自らの負担と責任での整備（努力）
・市との事前協議（義務、公表あり）
・地元自治会への説明会実施（義務）
その他：
・市との事前協議では必要に応じて審議会に諮問。
・市長が特に必要があると認めるときに、事業規模に関係なく、事業を行わないように協力を求める区域を設定。

③ 自然公園条例および景観条例の規制

　自然公園条例や景観条例がある都道府県では、再エネ設備の建設が規制対象となる場合がある。基本的には、条例で指定した特定地域内での開発や一定規模以上の開発で事前協議を求めているケースが多い。また、景観条例に関しては、都道府県および市町村が独自の規制を設けており、その対象となる条例もあいまいなケースもあることから、事業を計画する早い時点で都道府県および市町村に確認することが必要である。

(3) 市町村における再生可能エネルギー設備の立地規制

　現在のところ、再エネ設備を特定した規制的な条例は都道府県では定められていないが、市町村では、再エネ設備による景観面への影響等の問題から、事業を計画する事業者に対して義務的な条例を設けているケースがある。1つの例として、大分県由布市の自然環境等と再生可能エネルギー発電設備設置事業との調和に関する条例がある（表7-9参照）。本条例では、事業者に対して、住民との良好な関係を保つ努力規定を設けるとともに、市との事前協議の実施と自治会への説明会開催について義務としており、再エネ設備の立地に対して一定の規制的要素がある。

　こうした再エネ設備に特化した形の立地規制の広がりについては今後の課題

●第7章 再生可能エネルギーの導入促進と規制対策

であるが、景観保全や自然環境保全の条例の対象事業として、再エネ設備の対象要件組み込まれていく可能性は高いと考えられる。事業者は、早めに行政に相談を行い、事前協議の要否、必要な許可および届出の確認などが求められる。

［川島悟一］

【参考・引用文献】

●第1章●

- 宇都宮深志・田中充編著（2008）『事例に学ぶ　自治体環境行政の最前線～持続可能な地域社会の実現をめざして～』ぎょうせい
- 北村喜宣（2006）『自治体環境行政法（第4版）』第一法規
- 総務省「法定外税の状況」（平成26年4月1日現在）
（http://www.soumu.go.jp/main_content/000274767.pdf　2014/8/5/ 確認）
- 橋本基弘・吉野夏己・土田伸也・三谷晋・倉澤生雄著（2009）『やわらかアカデミズム・＜わかる＞シリーズ　よくわかる地方自治法』ミネルヴァ書房
- 山本博史「条例制定過程の現状と課題」北村喜宣・山口道昭・出石稔・礒崎初仁編（2011）『自治体政策法務　地域特性に適合した法環境の創造』有斐閣、pp.413-426

●第2章●

- 水谷洋一・酒井正治・大島堅一編（2007）『地域発！ストップ温暖化ハンドブック──戦略的政策形成のすすめ』昭和堂

●第3章●

- 小林寿也（1998）「これまでの要綱の可能性と限界をどう考えたらいいのか」木佐茂男編著『自治立法の理論と手法』、ぎょうせい
- 北村喜宣（1999）『環境法雑記帖』環境新聞社
- 鈴木敏央（2014）『新・よくわかるISO環境法（改訂第9版）』ダイヤモンド社
- 吉村良一・水野武夫・藤原猛爾（2013）『環境法入門（第4版）』法律文化社
- 淡路剛久、磯崎博司、大塚直、北村喜宣編集（2014）『ベーシック環境六法　六訂版』第一法規
- 廃棄物処理法令研究会監修（2014）『三段対照　廃棄物処理法法令集　平成26年版』ぎょうせい
- 英保次郎（2011）『廃棄物処理法 Q&A 六訂版』東京法令出版
- 株式会社ジェネス（2006）『図解 産業廃棄物処理がわかる本』日本実業出版社
- 株式会社リーテム「読み解く！廃棄物処理法(2)～許可権者～」
http://www.re-tem.com/column/haikibutsusyorihou_2/　2014/7/28

● 参考・引用文献

● 第 4 章 ●

- 東海林克彦・橋本善太郎・笹岡達夫・鳥居敏男（1994）「森林保全の実態と制度に関する研究」造園雑誌、57（5）
- 環境庁自然保護局（1979）「都道府県立自然公園の指定及び公園計画の作成について（通達）」
- 堤口康博（1972）「自然保護に対する地方条例の分析」比較法学、8（1）
- 田中友子（1972）「自然保護条例の制定状況とその分析」工業立地、11（5）
- 遠藤文夫（1971）「自然保護条例について」地方自治、286
- 村上一真（2013）「住民の森林環境税制度受容に係る意思決定プロセスの分析－手続き的公正の機能について」環境科学会誌、26（2）
- 石崎涼子（2010）「水源林保全における費用分担の系譜からみた森林環境税」水利科学、54（5）

● 第 5 章 ●

- 環境アセスメント学会編（2013）『環境アセスメント学の基礎』恒星社厚生閣
- 環境省総合環境政策局（2012A）「環境影響評価法に基づく基本的事項等に関する技術検討委員会報告書」環境省
- 環境省総合環境政策局（2012B）「環境アセスメント制度のあらまし」環境省
- 環境法政策学会編（2011）『環境影響評価──その意義と課題』商事法務
- 田中　充（2000）「自治体環境影響評価制度づくりの論点」『環境影響評価法実務』信山社
- 田中充・沖山文敏（2010）「地方公共団体における環境アセスメント制度の歴史からの教訓」環境アセスメント学会誌第 8 巻第 2 号、共立印刷株式会社
- 田中　充（2013）「環境影響評価法の改正における評価と今後の課題」社会志林 60 巻第 1 号（通巻 215 号）、法政大学社会学部学会
- 環境影響評価情報支援ネットワーク　環境アセスメント事例統計情報
  http://www.env.go.jp/policy/assess/index.html　2013/3/30/ 確認
- 都道府県ホームページ「環境影響評価」
  例えば
  - 神奈川県ホームページ「かながわの環境アセスメント」
    http://www.pref.kanagawa.jp/cnt/f247/　2014/4/13
  - 沖縄県ホームページ「環境影響評価（環境アセスメント）」など
    http://www.pref.okinawa.jp/site/kankyo/seisaku/hyoka/assess.html
    2014/3/30

● 第 6 章 ●

（概論）

- 増原義剛編集（1994）『図でみる環境基本法』中央法規
- 平成 25 年 11 月 29 日公害等調整委員会「平成 24 年度公害苦情調査」
  http://www.soumu.go.jp/main_content/000261043.pdf　2014/7/29 確認
- 環境省「公害防止計画」
  http://www.env.go.jp/policy/kihon_keikaku/kobo/　2014/7/29 確認

（大気汚染）

- 三重県（2013）「大気規制のあらまし」

（水質汚濁）

- 長岡文明（2013）「水質汚濁防止法政令改正の背景を読む」環境技術会誌、150
- 三浦正史（2012）「水質汚濁防止法の改正と地下水汚染の未然防止」紙パ技協誌、66（12）、
- 長　康夫（2010）「水質汚濁防止法の改正と企業の対応」環境管理、46（11）
- 関荘一郎（1996）「水質汚濁防止法の一部改正と今後の課題」用水と廃水、38（8）
- 大塚　直（2010）「汚染排出の防止・削減に関する法」『環境法　第3版』有斐閣
- 柳憲一郎（2014）「大気・水環境管理における規制的手法」『環境保全の法と理論』北海道大学出版会
- 愛知県「あいちの環境」「水質汚濁防止法のあらまし」
  http://www.pref.aichi.jp/kankyo/mizu-ka/　2014/08/02 確認
- 大阪府「生活環境保全」「水質（基準一覧表）」
  http://www.pref.osaka.lg.jp/jigyoshoshido/mizu/mizu-kijyun-2.html
  2014/08/02 確認
- 神奈川県「生活と自然環境の保全と改善」「排水規制」
  http://www.pref.kanagawa.jp/cnt/f41020/　2014/08/02 確認
- 環境省「水環境関係」「一律排水基準」
  http://www.env.go.jp/water/impure/haisui.html　2014/08/02 確認
- 環境省「水環境関係」「水質汚濁防止法等の施行状況」
  http://www.env.go.jp/water/impure/law_chosa.html　2014/08/02 確認
- 千葉県「環境」「水質汚濁防止法のてびき」
  https://www.pref.chiba.lg.jp/suiho/haisui/koujou/noudo/index.html
  2014/08/02 確認
- 都道府県ホームページ「公害防止」「排水規制」等

● 参考・引用文献

（土壌汚染）
・杉本裕明（2010）「土壌汚染対策法改正と自治体の動き」都市問題、101（8）
・佐藤　泉（2010）「改正土対法と不動産取引」日経エコロジー、133
・菅　正史（2009）「土壌汚染対策法改正とわが国における土壌汚染対策に関する一考察」土地総合研究、17（4）
・社団法人産業環境管理協会 編著（2010）『企業のための土壌汚染の基礎知識＜「平成22年度総合エネルギー販売業の人材育成に関する研修事業（土壌汚染対策のための人材育成事業）＞研修テキスト』』（全国中小企業団体中央会）

（騒音・振動・地盤沈下・悪臭）
・環境省「平成24年度騒音規制法施行状況調査について」（平成26年1月30日）
　http://www.env.go.jp/press/press.php?serial=17684　2014/7/29 確認
・平成25年10月広島県環境局環境保全課編「騒音・振動規制の概要」
　https://www.pref.hiroshima.lg.jp/uploaded/attachment/108909.pdf
　2014/7/29 確認
・環境省「平成24年度振動規制法施行状況調査について」（平成26年1月30日）
　http://www.env.go.jp/press/press.php?serial=17683　2014/7/29 確認
・国土交通省「4．地盤沈下防止等対策要綱」
　http://www.mlit.go.jp/tochimizushigen/mizsei/chikasui/youkou.html
　2014/7/29 確認
・宮城県WEBサイト「地盤沈下に係る施策」
　http://www.pref.miyagi.jp/soshiki/kankyo-t/jibanchinka.html
　2014/7/29 確認
・環境省「平成24年度悪臭防止法施行状況調査について」（平成26年1月30日）
　http://www.env.go.jp/air/akushu/kujou_h24/index.html　2014/7/29 確認
・公益社団法人におい・かおり環境協会編集（2012）『ハンドブック悪臭防止法（六訂版）』ぎょうせい
・環境省「悪臭防止法の手引き　パンフレット（平成18年9月）」
・鈴木敏央（2014）『新・よくわかるISO環境法（改訂第9版）』ダイヤモンド社
・吉村良一・水野武夫・藤原猛爾（2013）『環境法入門（第4版）』法律文化社
・淡路剛久、磯崎博司、大塚直、北村喜宣編集（2014）『ベーシック環境六法 六訂版』第一法規

●第7章●
・環境エネルギー政策研究所（2014）『自然エネルギー白書 2014』
・資源エネルギー庁（2014）『平成 25 年度エネルギーに関する年次報告（エネルギー白書 2014）』

本書の執筆にあたって、都道府県のホームページを参照・確認した日は 2014 年 7 月 31 日である。
ただし、それ以外のホームページについては参照・確認日を列挙することとした。

以上

執筆者紹介

田中　充（たなか　みつる）監修【担当】・第5章・第6章Ⅲ
　法政大学　社会学部社会政策科学科　教授
　1952（昭和27）年　長野県生まれ
　東京大学大学院理学系研究科修了・修士（理学）
　専門は環境政策論
〈主な著書〉
『事例に学ぶ自治体環境行政の最前線』2008年（編著・ぎょうせい）、『地域からはじまる低炭素・エネルギー政策の実践』2014年（編著・ぎょうせい）、『ゼロから始める　暮らしに生かす再生可能エネルギー入門』2014年（編著・家の光協会）、『気候変動に適応する社会』2013年（編著・技報堂出版）等

竹内　潔（たけうち　きよし）【担当】第1章
　政策研究大学院大学　政策研究科　博士課程
　日本学術振興会　特別研究員（DC1）
　1980（昭和55）年　茨城県生まれ
　政策研究大学院大学　政策研究科　修士課程修了・修士（文化政策）
　専門は自治体文化政策

増原直樹（ますはら　なおき）【担当】第2章・第6章Ⅱ
　総合地球環境学研究所研究部　プロジェクト研究員
　1974（昭和49）年　千葉県生まれ
　早稲田大学大学院政治学研究科博士後期課程単位取得退学・修士（政治学）
　専門は行政学・地域エネルギー政策
〈主な著書〉
『検証・自治体環境政策の20年　環境自治体白書2012-2013年版』2012年（共著・生活社）、『新説　市民参加（改訂版）』2013年（分担執筆・公人社）等

小清水宏如（こしみず　ひろゆき）【担当】第3章・第6章Ⅰ、Ⅴ～Ⅷ
　環境政策ネットワーク（EPN）副代表幹事
　1974（昭和49）年　東京都生まれ
　成蹊大学法学部法律学科卒業
　専門は廃棄物・リサイクル政策

坪井塑太郎（つぼい　そたろう）【担当】第4章・第6章Ⅳ
　日本大学　理工学部　海洋建築工学科　准教授
　1971（昭和46）年　愛知県生まれ
　東京都立大学大学院都市科学研究科修了・博士（都市科学）
　専門は都市地理学
〈主な著書〉
『東京エコシティ──新たなる水の都市へ』2006年（共著・鹿島出版会）、『MANDARAとEXCELによる市民のためのGIS講座』2013年（共著・古今書院）、『親水空間論──時代と場所から考える水辺のあり方』2014年（共著・技報堂出版）等

川島悟一（かわしま　ごいち）【担当】第7章
　自然電力株式会社事業開発部マネージャー
　1976（昭和51）年　静岡県生まれ
　東北大学大学院理学研究科修了・修士（理学）

環境条例の制度と運用

2015年(平成27年) 3月30日 第1版第1刷発行
8691-5 P216 ¥2600E : 012-015-003

編 者 　田　中　　　充
発行者 　今井 貴　稲葉文子
発行所 　株式会社　信 山 社
　　　　　総合監理／編集第2部
〒113-0033　東京都文京区本郷 6-2-9-102
　　　Tel 03-3818-1019　Fax 03-3818-0344
　　　　　　henshu@shinzansha.co.jp
笠間才木支店 〒309-1611 茨城県笠間市笠間 515-3
　　　Tel 0296-71-9081　Fax 0296-71-9082
笠間来栖支店 〒309-1625 茨城県笠間市来栖 2345-1
　　　Tel 0296-71-0215　Fax 0296-72-5410
出版契約 No.2015-8691-5-01011　Printed in Japan

©編著書, 2015　印刷・製本／ワイズ書籍Miyaz・渋谷文泉閣
　　　　　ISBN978-4-7972-8691-5 C3332
　　　　　分類50-323.916-d実務書（AT46.5）

JCOPY 〈(社)出版者著作権管理機構 委託出版物〉
本書の無断複写は著作権法上での例外を除き禁じられています。複写される場合は、そのつど事前に、(社)出版者著作権管理機構(電話 03-3513-6969、FAX 03-3513-6979、e-mail: info@jcopy.or.jp)の許諾を得てください。

環境法研究　大塚直責任編集

防災法　生田長人

国際環境法　磯崎博司

[最新刊]
環境政策論（第3版）　倉阪秀史

原子力損害賠償法　豊永晋輔

潮見佳男
不法行為法Ⅰ〔第2版〕
不法行為法Ⅱ〔第2版〕
不法行為法Ⅲ（続刊）

不法行為法　藤岡康宏

プラクティス国際法講義（第2版）
　柳原正治・森川幸一・兼原敦子 編

ドイツの憲法判例Ⅰ〜Ⅲ
　ドイツ憲法判例研究会 編

人間・科学技術・環境
　ドイツ憲法判例研究会 編

EU権限の法構造
　中西優美子 著

新EU論
　植田隆子・小川英治・柏倉康夫 編

信山社